Σ BEST
シグマベスト

試験に強い！

要点ハンドブック
化学基礎

文英堂編集部　編

JN262052

文英堂

本書の特色と使用法

1 学習内容を多くの項目(こうもく)に細分

　本書は，高等学校「化学基礎」の学習内容を **2編6章** に分けて，さらに学習指導要領や教科書の項目立て，および内容の分量に応じて，**26項目** に細分しています。

　したがって，必要な項目を **もくじ** で探して使えば，テストの範囲にぴったり合う内容について勉強することができ，ムダのない勉強が可能です。

2 1項目は，原則2ページで構成

　本書の各項目は，ひと目で学習内容が見渡せるように，原則として本を開いた左右見開きの2ページで完結しています。

　3あるいは4ページの項目もありますが，それぞれの1ページごとに学習内容を区切ってあり，ページ単位で勉強できるようになっています。つまり，短時間で，きちんと区切りをつけながら勉強できるわけです。

3 本文は簡潔(かんけつ)に表現

　本文の表記は，できるだけムダをはぶいて，簡潔にするように努めました。

　また，ポイントとなる語句は赤字や太字で示し，重要な所には **重要** のマークをつけました。さらに関連する事項を示すために，きめ細かく参照ページを入れていますので，そちらも読んでおきましょう。

4 最重要ポイントをハッキリ明示

本書では，重要なポイントは ココに注目! で示し，さらに最重要ポイントは 要点 という形でとくにとり出して，はっきり示してあります。 要点 は，その見開きの中で最も基本的なことや，最もテストに出やすいポイントなどをコンパクトにまとめてあります。テストの直前には，この部分を読むだけでも得点アップは確実です。

5 例題研究と重要実験で応用力もアップ

問題を解くのに計算や応用力が必要となる項目には 例題研究 を設けました。問題を解くポイントをわかりやすくまとめていますが，最初から解や答を見るのではなく，まず自力で解いてみて，その後で解を読み，もう一度解いてみるようにしましょう。

また，テストに出そうな重要な実験については 重要実験 のコーナーを設け，操作の手順や注意点，実験の結果とそれに関する考察などをわかりやすくまとめました。

6 勉強のしあげは，要点チェック＆練習問題

勉強のしあげのために章末には一問一答形式の要点チェックを設けています。テストの直前には必ず解いてみて，解けなかった問題は，右側に示されたページにもどって復習しましょう。

さらに，要点チェックの後に 練習問題 を設けています。問題のレベルは学校の定期テストに合わせてあるので，これを解くことで定期テスト対策は万全です。

もくじ

1編 物質の構成

序章 化学と人間生活
1 化学と人間生活……………………………………8

1章 物質の成り立ち
2 物質の成分……………………………………10
3 物質の構成元素………………………………12
4 物質の三態……………………………………14
5 原子の構造……………………………………16
6 原子の電子配置………………………………18
7 周期表と元素の性質…………………………20
8 イオンの成り立ち……………………………22
● 要点チェック…………………………………25
● 練習問題………………………………………26

2章 物質を構成する粒子
9 イオンからなる物質…………………………28
10 分子からなる物質……………………………30
11 分子の極性と分子間の結合…………………33
12 原子からなる物質……………………………35

13 結晶の種類と性質……………………………………38
● 要点チェック…………………………………………39
● 練習問題 ……………………………………………40

2編 物質の変化

3章 物質量と化学反応式

14 原子量，分子量，式量と物質量………………………42
15 溶液，溶液の濃度，溶解度……………………………45
16 化学の基本法則………………………………………48
17 化学反応式と量的関係………………………………50
● 要点チェック…………………………………………53
● 練習問題 ……………………………………………54

4章 酸と塩基の反応

18 酸と塩基………………………………………………56
19 水素イオン濃度とpH…………………………………58
20 中和反応と中和滴定…………………………………60
21 塩の性質………………………………………………63
● 要点チェック…………………………………………65
● 練習問題 ……………………………………………66

5章　酸化還元反応

22 酸化と還元 ……………………………………………68

23 酸化剤と還元剤 …………………………………………70

- 要点チェック ……………………………………………73
- 練習問題 …………………………………………………74

6章　酸化還元反応の利用

24 金属の反応性 ……………………………………………76

25 電　池 ……………………………………………………78

*26 電気分解 …………………………………………………80

- 要点チェック ……………………………………………82
- 練習問題 …………………………………………………83

- 練習問題の解答 …………………………………………85
- さくいん …………………………………………………94

＊をつけた項目は発展内容

例題研究

原子の構造……………………………………………………17
組成式の書き方………………………………………………29
物質量と質量…………………………………………………44
質量パーセント濃度からモル濃度への換算………………46
結晶の析出量…………………………………………………47
化学反応式と量的計算………………………………………52
中和の量的関係………………………………………………60
混合酸の中和計算……………………………………………61
塩の分類………………………………………………………63
塩の水溶液の性質……………………………………………64
酸化還元反応…………………………………………………69
酸化剤と還元剤………………………………………………70
酸化還元反応式のつくり方…………………………………72
塩化ナトリウム水溶液の電気分解…………………………80
硫酸銅(Ⅱ)水溶液の電気分解での析出量…………………81

重要実験

中和滴定………………………………………………………61

1編 物質の構成

1 化学と人間生活

1 物質の利用 − 金属 −

1 金属の利用の歴史
a) **金・銀**…人類が最初に利用した金属。単体として産出。
b) **銅・鉄**…化合物から金属を取り出す技術を **製錬** という。人類が最初に行った金属の製錬は、銅の製錬である（紀元前3000年以前から）。その後、製錬技術が発達し、より高温な条件が必要な鉄の製錬が行われるようになった。
c) **アルミニウム**…電気分解の技術により、19世紀末からアルミニウムの製錬が始まった。

2 銅
赤色の軟らかい金属で、熱や電気をよく通す。単体のほかに、他の金属と混ぜ合わせた **合金** としても利用される。

例 黄銅（銅＋亜鉛）、青銅（銅＋スズ）、白銅（銅＋ニッケル）

3 鉄
最も多く利用されている金属（現在利用されている金属の約90％）。さびやすい欠点があるが、合金にしたり、加工したりしてさびにくくすることができる。
　　　　　　　　　↳ステンレス鋼　　↳トタンなど

4 アルミニウム
銀白色であり、軽くて軟らかい金属。熱や電気をよく通す。酸化アルミニウム（アルミナ）を高温で融解させて電気分解を行うことにより製錬する。これを **融解塩電解** という。
　↳Al_2O_3

2 物質の利用 − セラミックス −

ケイ砂や粘土などの天然の無機物質を高温で処理して得られるものを **セラミックス** という。

1 ガラス
ケイ砂を高温で融解してつくる。熱や化学薬品に強いが、もろくて割れやすい。
↳主成分は二酸化ケイ素SiO_2

例 ソーダ石灰ガラス、石英ガラス

2 陶磁器
粘土を水と練って成形した後、焼き固めたもの。

例 土器、陶器、磁器
　　↳後者になるほど焼成温度が高く、強度が大きい。

3 ファインセラミックス
高純度かつ高精密なセラミックス。エレクトロニクス分野や医療分野に利用される。

例 刃物、電子基板、人工骨

3 物質の利用－プラスチック，繊維－

1 プラスチック おもに石油を原料としてつくられた合成高分子化合物を**プラスチック**という。**酸化されにくく，安定**なので，非常に多く利用されている一方，自然界で分解されにくく，大量の廃棄物が発生する欠点をもつ。

例 ポリエチレン(PE)，ポリスチレン(PS)，
　　　→ゴミ袋など　　　　　→カップめんの容器など
　　ポリエチレンテレフタラート(PET)，ポリ塩化ビニル(PVC)
　　　　→ペットボトルなど　　　　　　　　　　→消しゴムなど

2 プラスチックのリサイクル(再生利用)
→リデュース(発生抑制)，リユース(再利用)とともに大きな課題。

a) マテリアルリサイクル…加熱融解して，もう一度成形する。
b) ケミカルリサイクル…化学反応で原料物質まで分解する。
c) サーマルリサイクル…燃焼させて，発生する熱を利用する。

3 繊維

a) 天然繊維…植物や動物からつくられた繊維。　例 木綿，羊毛，絹
b) 合成繊維…化学的な処理によってつくられた繊維。
例 レーヨン，ナイロン，アクリル繊維，ビニロン

4 化学とその役割

1 食料の確保と保存

a) 肥料…かつては天然物質を利用した**天然肥料**が多かったが，19世紀
　　　　　　　　　　　　　　　　　→堆肥，排泄物など
末ごろから，化学的方法でつくられた**化学肥料**が大量生産されるようになった。化学肥料には**窒素・リン・カリウム**を多く含む。
　　　　　　　　　→チリ硝石など　　→これらは肥料の三要素。

b) 農薬…収穫量を増やすのに利用される。　例 殺虫剤，除草剤

c) 食料の保存…食品の腐敗を防ぐ**保存料**，食品の酸化を防ぐ**酸化防止剤**といった**食品添加物**や，脱酸素剤，乾燥剤などが利用される。
　　　　　　　　　　　　　　　→例：鉄粉　→例：シリカゲル

2 洗剤

a) **界面活性剤**…洗剤の成分。油になじみやすい**親油性**の部分と，水になじみやすい**親水性**の部分をもつ。

b) **セッケン**…油脂と水酸化ナトリウム水溶液からつくるナトリウム塩。**水溶液は塩基性**。硬水中では沈殿し，洗浄作用を示さない。
　　　　　　　　　　　→カルシウムイオン，マグネシウムイオンを含む。

c) **合成洗剤**…石油が原料のナトリウム塩。**水溶液は中性**。硬水中でも沈殿せず，使用できる。

2 物質の成分

1 物質の分類

1 純物質 水素や酸素，水などのように，ただ1種類の物質からできているものを純物質という。
_{純粋な物質。}

2 混合物 海水のように，2種類以上の物質が混じりあってできたものを混合物という。たとえば海水は，塩化ナトリウムや塩化マグネシウムなどが溶けこんだものである。

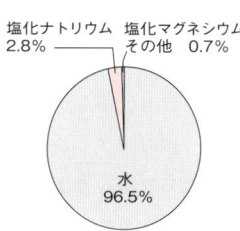

▲海水の成分（質量%）

3 純物質と混合物の性質

純物質…融点や沸点などが物質ごとに決まっている。
混合物…融点や沸点などが一定でない。

> **要点**
> 純物質 ⇨ **1種類の純粋な物質**のこと。
> 混合物 ⇨ **2種類以上の純物質が混じった**もの。

2 混合物の分離と精製 【重要】

混合物から純物質を取り出す操作を分離といい，物質中に含まれている不純物を取り除き，物質の純度を高めることを精製という。

1 ろ過 水などの液体の中に混じっている固体物質を，ろ紙などを用いて分離する方法をろ過という。ろ過のとき，ろ紙の目を通りぬけた液体のことをろ液という。

2 再結晶 不純物を含む固体物質が溶けている高温の飽和水溶液を冷却すると，純粋な固体物質が結晶として析出してくる。このような物質の精製法を再結晶という。再結晶は，液体に溶ける物質の量が温度によって異なることを利用している。

▲ろ過の方法

1章 物質の成り立ち

3 蒸留 液体の混合物を加熱して沸騰させ、生じた蒸気を冷却して液化させ、その成分を分離する方法を**蒸留**という。蒸留は、各成分の沸点のちがいを利用している。
↳海水や食塩水

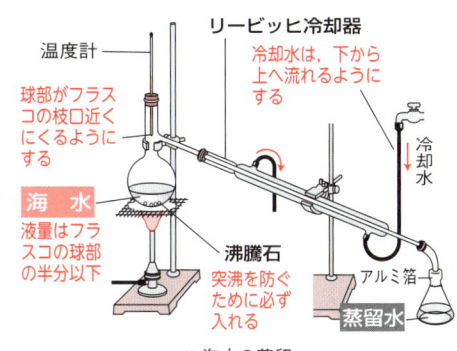
▲海水の蒸留

4 分留 蒸留によって、液体の混合物をそれぞれの成分に分離する方法を**分留**という。

例 **液体空気の分留**…窒素と酸素に分離。

原油の分留…各成分(ナフサ・ガソリン・灯油・軽油・重油)に分離。
　　　　　　　　　　　　↳低沸点　　　　　　　　　　↳高沸点

5 抽出 紅茶の葉に熱湯を注ぐと、香りと味の成分が溶け出してくる。このように、目的の成分をよく溶かす液体を用いて混合物から目的の成分を分離する方法を**抽出**という。抽出は、液体に対する溶解性のちがいを利用している。

6 ペーパークロマトグラフィー ろ紙の一端に複数の色素を溶かしたアルコール溶液で印をつけ、適当な液体(展開液)に浸すと、液体がろ紙を上昇するにつれて色素が移動速度のちがいによって分離される。このような方法を**ペーパークロマトグラフィー**という。
↳ほかにもカラムクロマトグラフィー、薄層クロマトグラフィーなどがある。

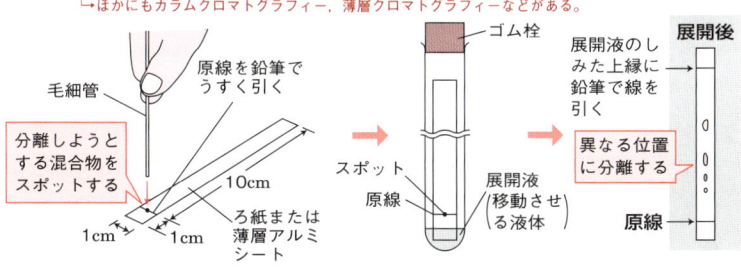
▲ペーパークロマトグラフィーの方法

　混合物の分離・精製の方法…**ろ過・再結晶・蒸留・分留・抽出・ペーパークロマトグラフィー**など。

3 物質の構成元素

1 元　素

1 元素とは　物質を構成する基本的な成分を元素という。各元素には，原子とよばれる小さい粒子の存在が確認されている。
→p.16

2 元素の種類　現在，約110種類の元素が知られているが，このうち，自然界に存在する元素は約90種類ある。

▼おもな元素の元素記号とその由来

元素名	元素記号	英語名	由　　来
水　素	H	Hydrogen	hydo（水）＋gennao（つくる）（ギリシャ語）
炭　素	C	Carbon	Carbonis（炭，ラテン語）
酸　素	O	Oxygen	ozus（酸）＋gennao（つくる）（ギリシャ語）
ナトリウム	Na	Sodium	Natron（炭酸ソーダの古名，ギリシャ語）
鉄	Fe	Iron	Ferrum（鉄，ラテン語）
銅	Cu	Copper	Cuprum（銅，ラテン語）

←cuやcUとはしない。

3 元素記号　元素や原子を表すのに元素記号を用いる。元素記号は，1文字目はアルファベットの大文字，2文字目はアルファベットの小文字で表す。
→原子記号ともいう。
世界共通の記号。

2 単体と化合物　重要

1 単体　水素H_2や酸素O_2などのように，ただ1種類の元素からできている純物質を単体という。単体は，いかなる方法を用いても，それ以上別の物質に分けることはできない。

例　窒素 N_2，鉄 Fe，銅 Cu

2 化合物　水H_2Oや二酸化炭素CO_2などのように，2種類以上の元素からできている純物質を化合物という。化合物は電気分解などの化学的方法によって，2種類以上の単体に分けることができる。

例　アンモニア NH_3，塩化ナトリウム NaCl，塩化銅（Ⅱ）$CuCl_2$

物質 ｛ 純物質 ｛ 単体　⇨ 1種類の元素からなる純物質。
　　　　　　　 化合物 ⇨ 2種類以上の元素からなる純物質。
　　　　 混合物 ⇨ 2種類以上の純物質が混じりあったもの。

3 同素体 重要

同じ元素からなる単体で，性質が異なるものを**同素体**という。

1 炭素の同素体 ダイヤモンドと黒鉛は，いずれも炭素Cからなる単体であるが，その性質は右表のように異なっている。炭素の同素体には，このほかに，フラーレン，カーボンナノチューブなどがある。
→グラファイト

▼ダイヤモンドと黒鉛の比較

	ダイヤモンド	黒鉛
色	無色透明	黒色
密度	$3.5\,g/cm^3$	$2.3\,g/cm^3$
硬度	非常に硬い	柔らかい
電導性	ない	ある
用途	研磨剤	電極材料

2 酸素の同素体 酸素とオゾン。
　　　　　　　　　→無臭　→生臭いにおい。

3 リンの同素体 黄リン・赤リンなど。

ココに注目！ 黄リンは有毒であるが，赤リンは毒性が少ない。

4 硫黄の同素体 斜方硫黄・単斜硫黄・ゴム状硫黄など。
　　　　　　　　　　→最も安定。

要点 同素体 ⇨ 同じ元素からなる単体で，性質が互いに異なる。

4 元素の確認

1 炎色反応 塩化ナトリウムの水溶液を白金線につけ，ガスバーナーの無色の炎の中に入れると，炎が黄色になる。これを**炎色反応**といい，炎の色から特定の元素を確認することができる。
　　　　　　→外炎という。

例 リチウム Li …赤　　ナトリウム Na …黄
　　カリウム K …赤紫　　カルシウム Ca …橙赤
　　バリウム Ba …黄緑　　銅 Cu …青緑

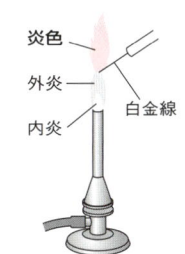

▲炎色反応の実験

2 沈殿反応 水溶液の反応で生じる水に溶けにくい物質を**沈殿**という。

a) **塩化銀の沈殿**…塩化ナトリウム水溶液に硝酸銀水溶液を加えると，水
　　　　　　　　　→NaCl　　　　　　　　→AgNO₃
に溶けにくい塩化銀が生じ，白色の沈殿ができる。この沈殿反応を利用
　　　　　→AgCl
すると，塩化ナトリウム中の塩素が検出できる。

b) **炭酸カルシウムの沈殿**…大理石に希塩酸を加えて発生する気体を石灰
　　　　　　　　　　　　　　　　　　　　　　　　　水酸化カルシウム水溶液のこと。
水に通じると炭酸カルシウムの白色沈殿が生じることから，この気体は
　　　　　　　　→CaCO₃
二酸化炭素であり，大理石には炭素と酸素が含まれていることがわかる。

4 物質の三態

1 拡散と粒子の熱運動

1] 粒子の熱運動 物質を構成している粒子は，温度に応じた運動エネルギーをもち，不規則な運動をしている。この運動を**熱運動**という。**温度が高いほど，この熱運動は激しくなる。**

2] 拡散 物質の構成粒子が自然に散らばっていく現象を**拡散**という。この現象は気体だけでなく，溶液中の分子やイオンでも見られる。拡散は，物質の構成粒子が熱運動をしているために起こる。

> **要点**
> **熱運動**…物質の構成粒子が温度に応じて行う不規則な運動。温度が高いほど激しい。
> **拡散**……物質の構成粒子が自然に散らばっていく現象。気体中でも溶液中でも見られる。

2 物質の三態 重要

1] 物質の三態 物質は温度や圧力により，**固体**，**液体**，**気体**の3つの状態をとる。この3つの状態を**物質の三態**という。

2] 物質の三態と粒子の集合状態
 a) **固体**…粒子はそれぞれ定まった位置で振動している。粒子どうしが互いに入れ替わったり，移動したりしない。
 b) **液体**…粒子は集合しているが，互いに入れ替わったり，移動できる。
 c) **気体**…粒子の熱運動は激しく，空間を自由に移動している。固体や液体に比べて非常に密度が小さい。

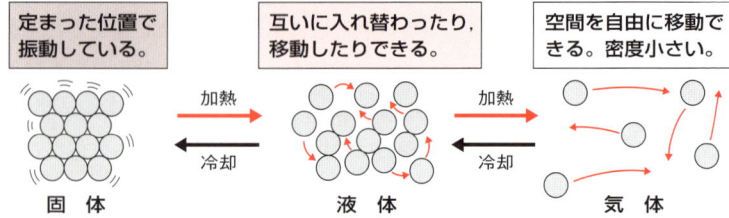

▲物質の三態と粒子の集合状態

3 状態変化と温度・エネルギー

1 融解 熱を受け取って，固体から液体へ変化すること。逆の変化は**凝固**という。
→融解熱という。 →液体から固体

2 融点 融解が起こる温度。**凝固点**と同じ温度。

3 蒸発 熱を受け取って，液体から気体へ変化すること。逆の変化は**凝縮**という。
→蒸発熱という。 →気体から液体

4 沸騰 液体の内部からも蒸発が起こる現象。沸騰が起こる温度を**沸点**という。

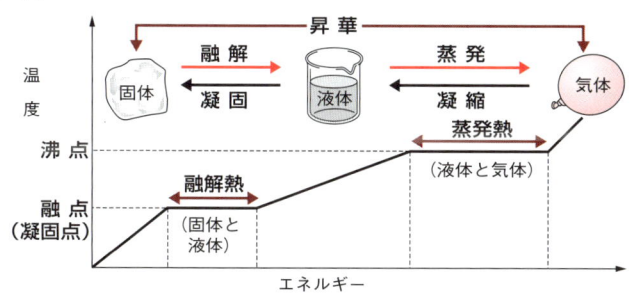

▲状態変化と温度・エネルギー

4 温 度 重要

1 セルシウス温度（セ氏温度） ℃を単位とする温度。

2 絶対零度 すべての熱運動が停止する下限の温度。**−273℃**である。

3 絶対温度 絶対零度を基点とし，セルシウス温度と同じ目盛り幅をもつ温度。単位は **K（ケルビン）** を用いる。

> 〔絶対温度 T とセルシウス温度 t との関係〕
> $$T[\text{K}] = t[\text{℃}] + 273$$

5 物理変化と化学変化

1 物理変化 物質の状態や形状が変化するだけで，**物質そのものが変わらない変化**を**物理変化**という。　例　水の状態変化，熱による金属の変形

2 化学変化 物質間で原子の組み替えが起こり，変化後は**まったく別の物質になる変化**を**化学変化**という。　例　化合，分解

5 原子の構造

1 原子とその構造 重要

1) **原子と元素** 元素は，物質を構成する基本的な成分であるが，原子は，物質を構成する最も基本的な粒子である。

2) **原子の大きさ** 種類によっていくらか異なるが，その直径は100億分の1m（10^{-10}m）程度である。

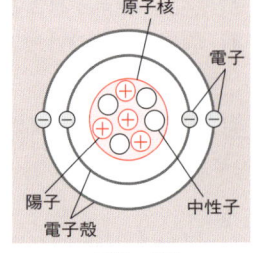

▲原子の構造

3) **原子の構造**

a) **原子核と電子** 原子は，中心に正電荷を帯びた1つの原子核と，そのまわりにある負電荷を帯びたいくつかの電子からできている。

b) **原子核の構成** 原子核は，正電荷を帯びた陽子と，電気を帯びていない中性子からできている。原子核が正電荷を帯びているのは，陽子が存在するからである。

c) **原子の電気的性質** 1個の原子の中では，陽子の数＝電子の数の関係があり，原子全体としては電気的に中性である。

要点

原子 { (中心)……原子核 { 中性子 ⇨ 電荷をもたない / 陽子 ⇨ 正電荷をもつ } 互いに打ち消しあう。 / (まわり)…電子 ⇨ 負電荷をもつ }

2 原子番号と質量数 重要

1) **原子番号** 各原子の原子核中の陽子の数を，その原子の原子番号という。

2) **質量数** 陽子と中性子の質量はほぼ等しいが，電子の質量は陽子の質量の $\dfrac{1}{1840}$ しかない。したがって，原子の質量は，陽子と中性子の質量の和によって決まる。これらの数の和を質量数という。

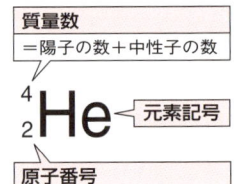

▲原子の示し方

例題研究　原子の構造

質量数37，原子番号17の塩素原子について，次の(1)～(3)の数をそれぞれ求めよ。

(1) 陽子の数　　(2) 電子の数　　(3) 中性子の数

解
陽子の数＝電子の数＝原子番号＝17
中性子の数＝質量数－陽子の数＝37－17＝20

答 (1) **17**，(2) **17**，(3) **20**

3 同位体とその存在比

1 同位体　原子番号（＝陽子の数）が同じ原子でも，中性子の数がちがうために質量数が異なるものがある。これらの原子を互いに **同位体（アイソトープ）** であるという。

ココに注目！ 同位体とは，周期表の同じ位置を占める原子の意味。同素体と混同しないように。

2 放射性同位体　放射線を出して別の元素の原子に変化。 →α線，β線，γ線など　例 ^{14}C（^{14}N に変化）

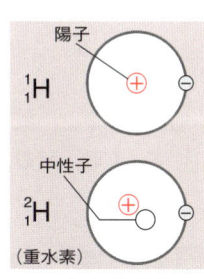

▲水素の同位体

3 同位体どうしの関係　同位体は質量数が異なるから，同じ原子であっても質量は互いに異なる。しかし，原子番号が同じであるから， **反応性などの化学的性質はほぼ同じである** 。したがって，化学的な方法で同位体を分離することはできない。

4 同位体の存在比　自然界の多くの元素には，何種類かの同位体が存在し，その存在比は，下表のように，各元素ごとにほぼ一定である。

▼同位体とその存在比

同位体	質量数	存在比[%]	同位体	質量数	存在比[%]	同位体	質量数	存在比[%]
$^{1}_{1}H$	1	99.9885	$^{12}_{6}C$	12	98.93	$^{16}_{8}O$	16	99.757
$^{2}_{1}H$	2	0.0115	$^{13}_{6}C$	13	1.07	$^{17}_{8}O$	17	0.038
$^{3}_{1}H$	3	極微量	$^{14}_{6}C$	14	極微量	$^{18}_{8}O$	18	0.205

要点　**同位体** ⇨ ｛原子番号／陽子の数／元素｝が同じで ｛質量数／**中性子の数**／質量｝が異なる原子。

6 原子の電子配置

1 原子核のまわりの電子

1| 原子核のまわりの電子 原子は,原子核と電子からできているが,原子核のまわりには,原子番号に等しい数の電子がまわっている。

2| 電子殻 →電子核と書かないように。

a) 原子核のまわりを電子が運動しているが,これらの電子はいくつかの層をつくって存在している。このような層のことを電子殻という。

b) 電子殻は,原子核に近い内側から順に,K殻,L殻,M殻,N殻,……と呼ばれる。
Aではなく,Kから始まる。

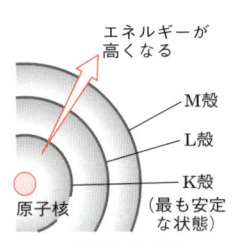

▲原子の電子殻

2 電子配置とエネルギー

1| 電子殻がもつエネルギー 電子殻に入った電子は,K殻,L殻,M殻,N殻……の順に高いエネルギーをもっている。

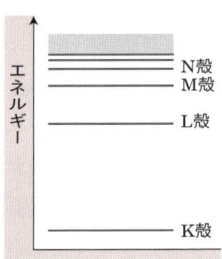

▲電子殻がもつエネルギー

2| 電子殻の最大電子収容数

電子殻に入ることのできる電子の数は右表のように $2n^2$ 個(K殻…$n=1$, L殻…$n=2$, M殻…$n=3$, N殻…$n=4$……)と決まっており,電子はエネルギーの一番低いK殻から順に配置されていく。

▼電子殻の最大電子収容数

電子殻	K殻	L殻	M殻	N殻	n番目
収容数	2個	8個	18個	32個	$2n^2$個

3 原子の電子配置

1| 電子配置 各原子の電子が,各電子殻にいくつずつ配列しているかを示したものを原子の電子配置という。

2| 最外殻電子 電子のうち,最も外側の電子殻(最外殻)に配置された電子を最外殻電子という。

1章 物質の成り立ち

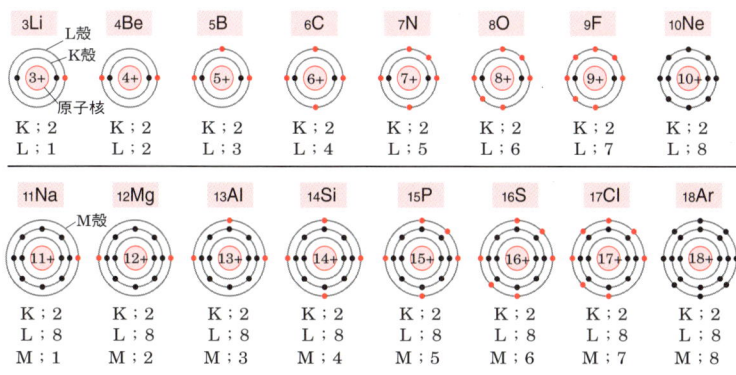

▲原子の電子配置の例（原子核中の数字は陽子の数，円周上の赤丸は価電子を示す）

4 電子配置と周期表 重要

1 価電子 原子の化学的性質を決める最外殻の電子を**価電子**といい，価電子の数は 0 〜 7 である。希ガスの最外殻電子数は **8** であるが，**価電子数は 0 とする。**
　→貴ガスともいう。
　→イオンになったり，他の原子と結合したりしない。

2 周期表と価電子 最外殻電子の配置は，原子番号とともに周期的に変化する。このため，価電子の数が同じ元素が周期的に現れ，同じ族に属する元素の化学的性質は互いに似ている。
　→p.20

3 希ガスの電子配置 希ガスは，周期表第18族に属する元素で，最外殻電子数が，Heを除いてすべて **8** である。このうち，HeとNeは電子殻が最大収容数で満たされた電子配置であり，このような電子配置を**閉殻**と呼ぶ。希ガスの電子配置は安定しているため，他の原子と結びつきにくい。
　→Heは2
　→必ずしも閉殻というわけではない。

▼希ガスの電子配置

	K	L	M	N	O
$_2$He	2				
$_{10}$Ne	2	8			
$_{18}$Ar	2	8	8		
$_{36}$Kr	2	8	18	8	
$_{54}$Xe	2	8	18	18	8

7 周期表と元素の性質

1 元素の周期律と周期表

1 元素の周期律 元素を原子番号順に並べると，物理的・化学的性質がしだいに変わり，性質のよく似た元素が周期的に現れること。
→発見者はメンデレーエフ

2 元素の周期表

a) 周期表の縦の並びを**族**といい，1族から18族まである。同じ族の元素は互いに性質がよく似ている。
→同族元素という。

b) 周期表の横の並びを**周期**といい，第1周期から第7周期まである。

▲単体の融点の周期性

ココに注目！
直線的に変化せず，融点の高低がくり返し現れてくる。

3 周期表上の金属性と非金属性 周期表において，同一周期の元素は左側にあるものほど金属性が強く，右側にあるものほど非金属性が強い。

> **要点** **元素の周期表**…元素の周期律にしたがって元素を配列した表であり，縦の列を**族**，横の列を**周期**という。

2 元素の分類と性質

1 典型元素と遷移元素 周期表で，1～2族と12～18族までの元素を**典型元素**という。また，周期表で，3～11族までの元素を**遷移元素**という。遷移元素はすべて金属元素である。
→同族元素どうしの性質が似ている。
→同じ周期でとなり合う元素どうしの性質が似ている。

2 元素の陽性と陰性

a) 金属元素の原子は，一般にイオン化エネルギーが小さく，**陽イオン**になりやすい。この性質を**陽性**という。
→p.24

b) 18族以外の非金属元素の原子は，電子親和力が大きいものが多く，**陰イオン**になりやすい。この性質を**陰性**という。
→希ガスの元素はイオンになりにくい。 →p.24

3 | 金属元素や非金属元素の単体

a) 金属元素の単体は金属結合からできている。
b) 多くの非金属元素の単体は，原子どうしが共有結合により結合した分子からなっている。
c) ダイヤモンドとケイ素の単体は，すべての原子が共有結合によって結合している（分子をつくっていない）共有結合の結晶である。

4 | 金属元素と非金属元素の化合物
塩化ナトリウムや水酸化ナトリウムなど，金属元素と非金属元素からなる化合物は，一般にイオン結合からできているイオン結晶である。

5 | 非金属元素の化合物
水や二酸化炭素など，多くの非金属元素の化合物は，原子どうしが共有結合によって結合した分子からなっており，その結晶は分子結晶である。他に，二酸化ケイ素のような原子どうしが共有結合してできた，共有結合の結晶というものがある。

> 典型元素…周期表の1・2族と12～18族の元素。
> 　　　　　金属元素と非金属元素がある。
> 遷移元素…周期表の3～11族の元素。すべて金属元素。

▲元素の周期表

8 イオンの成り立ち

1 イオンの存在

1 イオンの存在　電荷をもつ粒子を**イオン**という。右図の装置で、塩化ナトリウム水溶液に電圧をかけると、水溶液中で電気が流れて電球が点灯する。これは、水溶液中に正または負の電荷をもつイオンが存在し、これらが移動するためである。

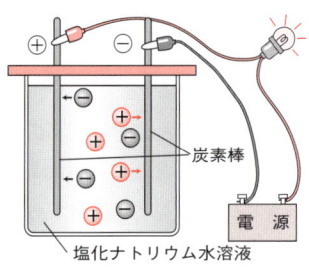

▲イオンの移動

2 陽イオンと陰イオン

a) **陽イオン**　原子のなかには、価電子を放出して希ガスの電子配置をとろうとする傾向の強いものがある。原子が電子を放出すれば正に帯電する。この正に帯電した粒子を**陽イオン**という。

b) **陰イオン**　原子のなかには、外から電子を取りこんで、希ガスの電子配置をとろうとする傾向の強い原子もある。原子が電子を取りこめば、負に帯電する。この負に帯電した粒子を**陰イオン**という。

要点
- 陽イオン ⇨ 原子が**価電子を放出**して、**正電荷**を帯びたもの。
- 陰イオン ⇨ 原子が**電子を取りこんで**、**負電荷**を帯びたもの。

2 原子のイオン化

1 ナトリウム原子のイオン化　ナトリウム Na の原子番号は11であるから、電子は、K殻に2個、L殻に8個、M殻に1個と配置されている。価電子1個(M殻の電子)を放出すると、ネオン Ne (原子番号10)と同じ電子配置となり、正に帯電する。これがナトリウムイオン Na⁺ である。
　→陽子(+)が11個、電子(-)が10個。

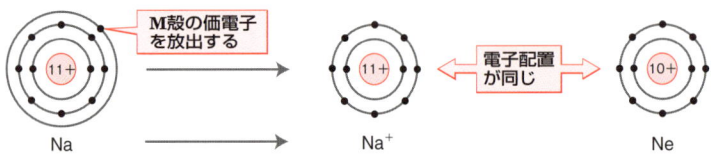

2 塩素原子のイオン化

塩素Clの原子番号は17であるから，電子は，K殻に2個，L殻に8個，M殻に7個と配置されている。したがって，M殻に電子が1個入ると，アルゴンAr(原子番号18)と同じ電子配置となり，負に帯電する。これが塩化物イオンCl^-である。
→陽子(+)が17個，電子(−)が18個。

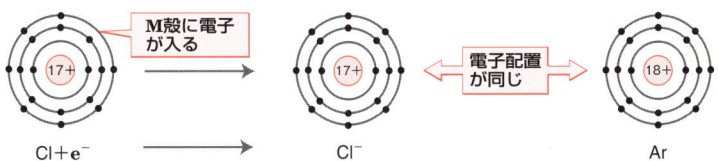

3 イオンの価数とイオン式 **重要**

1 イオンの価数
原子が電子を放出したり受け取ったりしてイオンになる現象を**イオン化**といい，そのとき放出したり，受け取ったりする電子の数を**イオンの価数**という。したがって，**イオンの価数は，イオンがもつ電荷を表す。**

2 イオン式
イオンを表すには，ナトリウムイオンNa^+や酸化物イオンO^{2-}のように，元素記号の右上に電荷の符号と価数をつけた**イオン式**で表す。
→1は省略。

3 単原子イオンと多原子イオン

a) **単原子イオン** Na^+やCl^-のように，1個の原子からできているイオンを**単原子イオン**という。

b) **多原子イオン** 水酸化物イオンOH^-や硫酸イオンSO_4^{2-}のように，複数の原子からできているイオンを**多原子イオン**という。
S原子が1個(1は省略)，O原子が4個でできた2価の陰イオン→

▼イオンの名称とイオン式の例 (*は多原子イオン)

陽イオン	イオン式	価数	陰イオン	イオン式	価数
水素イオン	H^+	1	塩化物イオン	Cl^-	1
ナトリウムイオン	Na^+		水酸化物イオン*	OH^-	
アンモニウムイオン*	NH_4^+		硝酸イオン*	NO_3^-	
銅(Ⅰ)イオン	Cu^+				
銅(Ⅱ)イオン	Cu^{2+}	2	酸化物イオン	O^{2-}	2
カルシウムイオン	Ca^{2+}		硫化物イオン	S^{2-}	
亜鉛イオン	Zn^{2+}		硫酸イオン*	SO_4^{2-}	
			炭酸イオン*	CO_3^{2-}	
アルミニウムイオン	Al^{3+}	3	リン酸イオン*	PO_4^{3-}	3

1編 物質の構成

4 イオンへのなりやすさ 重要

1 陽性元素 価電子数が1個，2個の原子は，それぞれ1個，2個の電子
_{Li, Na, K←}　_{→Mg, Ca, Ba}
を放出して1価，2価の陽イオンになりやすい。このような元素を**陽性元素**という。

2 陰性元素 価電子数が6個，7個の原子は，それぞれ2個，1個の電子
_{O, S←}　_{→F, Cl, Br}
を受け取って2価，1価の陰イオンになりやすい。このような元素を**陰性元素**という。

▼イオンになりやすい原子となりにくい原子

	原子の例	価電子数	イオンの例	分類
陽イオンになりやすい原子	Li, Na, K Mg, Ca, Ba	1 2	Li^+, Na^+, K^+ Mg^{2+}, Ca^{2+}, Ba^{2+}	陽性元素
陰イオンになりやすい原子	F, Cl, Br O, S	7 6	F^-, Cl^-, Br^- O^{2-}, S^{2-}	陰性元素
イオンになりにくい原子	C, Si N, P	4 5		

3 イオン化エネルギー 原子が，電子1個を放出して1価の陽イオンになるのに必要なエネルギーを，**イオン化エネルギー**という。イオン化エネルギーの値は原子の種類によって異なり，この値の小さい原子ほど陽イオンになりやすい。
→周期表の左側・下側ほど小さい。

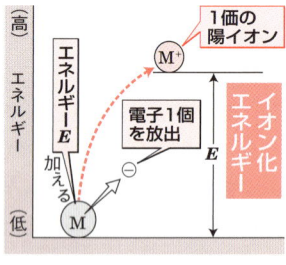

▲イオン化エネルギー

4 電子親和力 原子が，電子1個を最外殻に受け入れるときに放出するエネルギーを**電子親和力**という。電子親和力が大きい原子ほど陰イオンになりやすい。
→18族を除く，周期表の右側の元素ほど大きい。

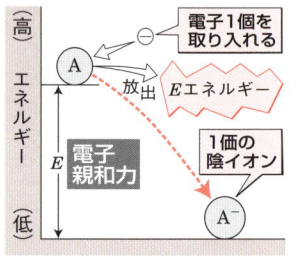

▲電子親和力

要点
〔イオンになりやすい原子〕
陽イオン｛価電子数が**1**または**2**
　　　　　　イオン化エネルギー小。
陰イオン｛価電子数が**6**または**7**
　　　　　　電子親和力 大。

要点チェック

↓答えられたらマーク わからなければ ↩

- **1** ケイ砂や粘土などの天然の無機物質を高温で処理して得られるものを何というか。 p.8
- **2** 洗剤の成分であり，油になじみやすい親油性の部分と，水になじみやすい親水性の部分をもつものを何というか。 p.9
- **3** 1種類の物質からできているものを何というか。 p.10
- **4** 2種類以上の物質が混じりあってできているものを何というか。 p.10
- **5** 液体混合物を沸騰させ，生じた蒸気を冷却し，その成分を分離する方法を何というか。 p.11
- **6** 1種類の元素からできている純物質を何というか。 p.12
- **7** 2種類以上の元素からできている純物質を何というか。 p.12
- **8** ダイヤモンドや黒鉛のように，同じ元素からできている単体で，性質が異なるものどうしを何というか。 p.13
- **9** 物質の構成粒子が温度に応じて行う運動を何というか。 p.14
- **10** $-273℃$ を基点とし，セルシウス温度と同じ目盛り幅をもち，単位はK(ケルビン)を用いる温度を何というか。 p.15
- **11** 原子核中にあって，正電荷を帯びた粒子を何というか。 p.16
- **12** 原子核のまわりにある負電荷を帯びた粒子を何というか。 p.16
- **13** 原子番号(＝陽子数)が同じで，中性子の数が異なる原子どうしを何というか。 p.17
- **14** 原子の化学的性質を決める最外殻の電子を何というか。 p.19
- **15** 周期表の縦の列を何というか。 p.20
- **16** 周期表の横の列を何というか。 p.20
- **17** 周期表で3～11族に属している元素を何というか。 p.20
- **18** 原子が電子1個を放出して，1価の陽イオンになるのに必要なエネルギーを何というか。 p.24
- **19** 原子が電子1個を受け取って，1価の陰イオンになるとき放出されるエネルギーを何というか。 p.24

答

1 セラミックス，**2** 界面活性剤，**3** 純物質，**4** 混合物，**5** 蒸留，**6** 単体，**7** 化合物，**8** 同素体，**9** 熱運動，**10** 絶対温度，**11** 陽子，**12** 電子，**13** 同位体，**14** 価電子，**15** 族，**16** 周期，**17** 遷移元素，**18** イオン化エネルギー，**19** 電子親和力

1編 物質の構成

1章 練習問題

解答→p.85

1 次の(1)～(3)を行うのに最も適した操作名を書け。
(1) 海水から水を取り出す。
(2) 原油から石油やガソリンなどの成分を取り出す。
(3) 少量の食塩を含む硝酸カリウムから純粋な硝酸カリウムを取り出す。

2 次の①～⑥のうち，同素体の関係にあるものをすべて選べ。
① 塩素と臭素　　② 酸素とオゾン　　③ 一酸化炭素と二酸化炭素
④ 水と水蒸気　　⑤ ダイヤモンドと黒鉛　　⑥ 黄リンと赤リン

3 ①～④の下線部の語は，元素名・単体名それぞれどちらの意味で用いられているかを答えよ。
① 水を電気分解すると，水素と酸素が体積比2：1で生じる。
② カルシウムは重要な栄養素である。
③ 二酸化炭素は炭素と酸素からなる。
④ 空気の主成分は，窒素と酸素である。

4 状態変化について，次の問いに答えよ。
(1) 次のA～Eの状態変化の名称を答えよ。
　A 固体→液体　　B 液体→固体　　C 液体→気体
　D 気体→液体　　E 固体→気体
(2) 次の①～③の文は，固体，液体，気体のどの状態を説明したものか。
　① 分子は互いに位置を変え，流動性を示す。
　② ほかの状態に比べて，密度が非常に小さい。
　③ 粒子が決まった位置で振動している。

HINT
2 同素体は，同じ元素からなる性質の異なる単体である。
3 化合物中の成分は，元素名として使用されている。

5 次の文中の空欄①〜⑧に適切な語句を入れよ。

原子は，中心にある原子核とそれを取りまく電子から成り立っている。原子核は，正電荷をもつ①（　　　）と，電荷をもたない②（　　　）からできている。原子核に含まれる①（　　　）の数は元素ごとに決まっており，それを③（　　　）という。①（　　　）の数と②（　　　）の和を④（　　　）という。③（　　　）が等しく，②（　　　）の数が異なる原子は，互いに⑤（　　　）である。

原子核のまわりにある電子は負電荷をもつ。電子は，⑥（　　　）とよばれる層に分かれて配置されている。また，一番外側の⑥（　　　）にあり，原子の化学的性質を決める電子は，⑦（　　　）とよばれる。ただし，希ガス(18族元素)の⑦（　　　）の数は⑧（　　　）とする。

6 右表は，周期表の第2および第3周期を示したものである。次の(1)〜(4)の説明に適する元素を**a**〜**j**から選び，その元素記号も書け。

族	1	2	13	14	15	16	17	18
第2周期	Li	Be	B	**a**	**b**	**c**	F	Ne
第3周期	**d**	**e**	**f**	**g**	**h**	**i**	**j**	Ar

(1) イオン化エネルギーが最も小さい元素。
(2) M殻の電子の数が5である元素。
(3) 電子親和力が最も大きい元素。
(4) 2価の陰イオンの電子配置が，ネオンと同じ元素。

7 原子に関するア〜エの記述のうちから，正しいものを1つ選べ。
ア　原子核は原子の質量の大部分を占める。
イ　すべての原子の原子核は，陽子と中性子からできている。
ウ　陽子の数と電子の数の和が，その原子の質量数である。
エ　中性子の数が等しく，陽子の数が異なる原子どうしを同位体という。

HINT　**6** (1) 周期表の左側・下側ほどイオン化エネルギーが小さい。
　　　　7 陽子の質量 ≒ 中性子の質量 ≒ 電子の質量×1840

9 イオンからなる物質

1 イオンとイオンの結びつき 重要

1│ 化学結合 物質中の原子やイオンの結びつきを**化学結合**という。

2│ イオン結合 陽イオンと陰イオンとの静電気的な引力によってできた結合を**イオン結合**という。
→クーロン力ともいう。

例 ナトリウム原子Naと塩素原子Clが近づくと、互いに電子をやりとりして、ナトリウムイオンNa^+と塩化物イオンCl^-になり、これらが近づいてイオン結合を形づくる。

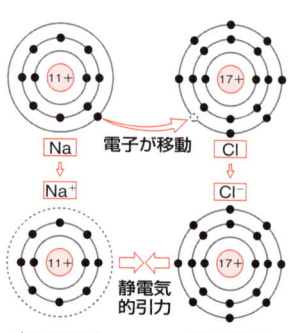

▲イオン結合のしくみ

3│ イオン結合でできた化合物 イオン結合でできている化合物は、一般には**陽性が強い金属元素**と、**陰性が強い非金属元素**とからできている場合が多い。
→陽イオンになりやすい。　→陰イオンになりやすい。

例 塩化銀AgCl、水酸化ナトリウムNaOH、塩化銅(Ⅱ)$CuCl_2$
塩化カルシウム$CaCl_2$、硫酸カリウムK_2SO_4

> **要点** イオン結合 ⇨ 陽イオンと陰イオンの**静電気的な引力**による結合。

2 イオン結晶とその性質 重要

1│ イオン結晶 塩化ナトリウムの結晶のように、陽イオンと陰イオンとがイオン結合によって規則正しく配列したものを**イオン結晶**という。
→Na^+　→Cl^-

2│ イオン結晶の性質

a) 一般にやや硬く、**融点や沸点が比較的高い**。

b) 固体は電気を通さないが、強熱して**液体にすると電気を通す**。

c) 水に溶けるものが多く、**水溶液は電気を通す**。

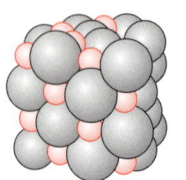 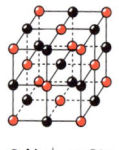

● Na^+　● Cl^-

▲塩化ナトリウムの結晶モデル

3 電解質と非電解質

1 電離 塩化ナトリウムNaClを水に溶かすと,水溶液中で,ナトリウムイオンNa$^+$と塩化物イオンCl$^-$に分かれる。このように,物質が水に溶けて,陽イオンと陰イオンに分かれる現象を電離という。

2 電解質 NaClのように,水に溶けて電離する物質を電解質という。

3 非電解質 ショ糖(スクロース)やアルコールは,水に溶けても電離しない。このように,水に溶けても電離しない物質を**非電解質**という。

4 組成式

1 組成式 イオン結晶では,陽イオンと陰イオンが交互に配列しているだけなので,分子にあたるものは存在しない。このような物質は,構成元素の原子の数を簡単な整数比で表した組成式を用いて表す。

2 組成式のつくり方 イオン結晶では,正電荷の数と負電荷の数が等しくなるように,各イオンを組み合わせて組成式をつくる。

$$\underbrace{\begin{pmatrix} 陽イオン \\ の価数 \end{pmatrix} \times \begin{pmatrix} 陽イオン \\ の数 \end{pmatrix}}_{陽イオンの電荷} = \underbrace{\begin{pmatrix} 陰イオン \\ の価数 \end{pmatrix} \times \begin{pmatrix} 陰イオン \\ の数 \end{pmatrix}}_{陰イオンの電荷}$$

例 Al^{3+}とSO$_4^{2-}$からなる硫酸アルミニウムの場合,3価のAl^{3+}と2価のSO$_4^{2-}$が結合しているので,

(Al^{3+}の価数)×2 = (SO$_4^{2-}$の価数)×3

が成り立つので,組成式はAl$_2$(SO$_4$)$_3$となる。
　　　　　　　　　　　　　　←陽イオンを先に書くこと。

例題研究 組成式の書き方

次の①～⑤の化合物の組成式を書け。
① 水酸化バリウム　② 酸化カルシウム　③ 硫酸ナトリウム
④ 酸化アルミニウム　⑤ 塩化アンモニウム

解 各物質を構成するイオンの価数に注目する。NH$_4^+$は1価の陽イオン,SO$_4^{2-}$は2価の陰イオンであることに注意しよう。

③ 2価のSO$_4^{2-}$と1価のNa$^+$が結合しているので,

(SO$_4^{2-}$の価数)×1 = (Na$^+$の価数)×2

が成り立つ。よって組成式はNa$_2$SO$_4$

答 ①Ba(OH)$_2$　②CaO　③Na$_2$SO$_4$　④Al$_2$O$_3$　⑤NH$_4$Cl

10 分子からなる物質

1 分子の形成

1｜分子とは いくつかの原子が結びついてできた粒子を**分子**という。分子は，**物質としての性質を備えた最小の粒子**である。

2｜水素分子の形成
a) 2個の水素原子Hが互いに近づくと，K殻どうしが一部重なりあい，それぞれの価電子を共有する。
b) その結果，ヘリウム原子Heと同じ安定な電子配置となり，価電子1個を互いに共有しあった水素分子H_2ができる。
→希ガス

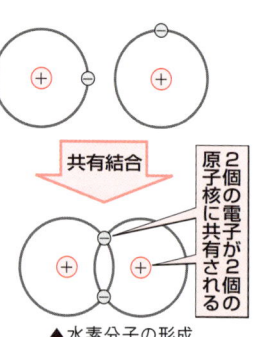

▲水素分子の形成

3｜共有結合 原子どうしが互いに価電子を出しあって，その価電子を共有しあってできる結合を**共有結合**という。共有結合は，おもに非金属元素の原子どうしの間で生じる。

> **要点** 共有結合 ⇨ 原子間で互いに**価電子を共有**する結合。

2 不対電子と共有電子対 【重要】

1｜不対電子 価電子のなかで対をつくっていない電子を**不対電子**という。

2｜共有電子対 2つの原子間で共有されている電子対を**共有電子対**という。

▲不対電子，共有電子対，非共有電子対

3｜非共有電子対 電子対のうち，結合に使われずに，原子間で共有されていない電子対を**非共有電子対**という。

4｜原子価と不対電子 1つの原子がつくる共有結合の数を，その原子の**原子価**という。原子価は原子がもつ不対電子の数に等しい。

2章 物質を構成する粒子

3 電子式 重要

1 電子式 価電子の配置を，元素記号のまわりに記号・を用いて表す。このように表したものを<u>電子式</u>という。

2 原子の電子式のかき方 原子の電子式は次のa)～c)の順でかく。

a) 元素記号の上下左右に4つの長方形を考える。それぞれの長方形に2個ずつ，最大8個の電子が入る。
b) 4個目までの電子は，それぞれ別の長方形に1個ずつ入れる。
c) 5個目からの電子は，すでに1個ずつ入った電子と対をつくるように入れる。

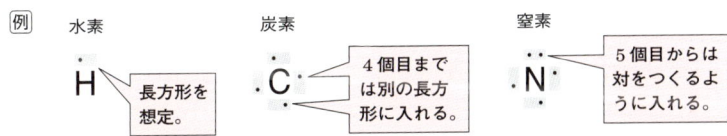

3 分子の電子式 原子の不対電子をすべて出しあって電子対をつくり，**分子中の各原子は希ガスと同じ電子配置**になっている。水素原子以外の原子のまわりでは，電子の数は8個に（水素原子のまわりの電子の数は2個）なるようにかく。

例 水分子の形成

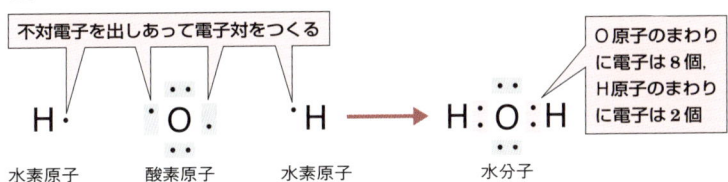

4 配位結合

1 配位結合 一方の原子の非共有電子対が，他方の原子に提供されてできる共有結合を<u>配位結合</u>という。

2 アンモニウムイオンの生成 アンモニア分子の窒素原子がもつ非共有電子対が水素イオンに提供されて配位結合ができる。この配位結合は，ほかの共有結合と区別がつかない。

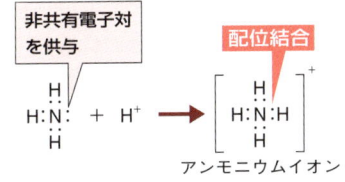

5 分子の表し方 重要

1 分子式 分子を構成する原子の種類と数を表した化学式を分子式という。分子式は，原子の種類を元素記号で示し，右下に原子の数を書く。
→1は省略。

2 構造式 共有結合を形成する共有電子対を1本の線(価標という)で表した化学式を構造式という。構造式は，各原子から出てくる価標の数が原子価と同じになるように書く。

3 結合の種類 共有結合の数によって，次のような結合の種類がある。単結合は飽和結合，二重・三重結合は不飽和結合である。

- 単結合……共有電子対が1組であるときの共有結合。
- 二重結合…共有電子対が2組であるときの共有結合。
- 三重結合…共有電子対が3組であるときの共有結合。

分子モデル					
	水素	水	酸素	二酸化炭素	窒素
分 子 式	H_2	H_2O	O_2	CO_2	N_2
共有結合の種類	単結合	単結合	二重結合	二重結合	三重結合
電 子 式	H:H	H:Ö:H	:Ö::Ö:	:Ö::C::Ö:	:N:::N:
構 造 式	H−H	H−O−H	O=O	O=C=O	N≡N

▲分子のいろいろな表し方

6 分子からなる物質

1 分子結晶 多数の分子が分子間力によって規則 →p.34
正しく配列してできた結晶を分子結晶という。
　例　ドライアイス，ヨウ素，ナフタレン
　　　　→CO_2　→I_2　　　→$C_{10}H_8$

2 分子結晶の性質

a) 結晶は軟らかく，融点・沸点が低い。
b) 昇華しやすい性質をもつものが多い。
　　→固体⇄気体(気体⇄固体)の変化。
c) 結晶状態でも液体状態でも電気を導かない。

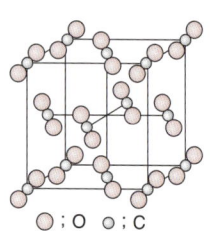

▲ CO_2 の結晶

11 分子の極性と分子間の結合

1 電気陰性度と結合の極性

1. **電気陰性度** 原子間の結合で，原子が共有電子対を引きつける強さを表す数値を**電気陰性度**という。電気陰性度の大きい元素ほど陰性が強い。
   →陰イオンになりやすい。

2. **電気陰性度と周期表** 電気陰性度は，周期表において希ガス(18族)を除く右側・上側の元素ほど大きい。
   希ガスは電気陰性度が定義されない。

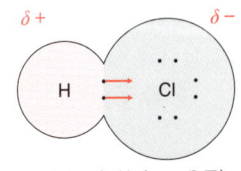
▲電気陰性度（ポーリングの値）

3. **結合の極性** 異なる元素の2原子間の共有結合では，右図のように電気陰性度の大きいほうに共有電子対が引き寄せられ，結合に電荷の偏りが生じる。この2原子間の電荷の偏りを**結合の極性**という。

▲結合の極性（HCl分子）

> **要点** **電気陰性度**…原子が共有電子対を引きつける強さを表す数値。希ガスを除く周期表の右側・上側の元素ほど大きい。

2 分子の極性

1. **極性分子** 分子全体として電荷の偏りがある分子。
2. **無極性分子** 分子全体として電荷の偏りがない分子。
3. **二原子分子の極性**
   a) **同種の原子からなる分子** 原子間に電気陰性度の差がないため，分子に電荷の偏りがなく，**無極性分子**である。
      例 水素 H_2，酸素 O_2，窒素 N_2，塩素 Cl_2
   b) **異種の原子からなる分子** 原子間に電気陰性度の差があるため，分子に電荷の偏りがあり，**極性分子**である。
      例 塩化水素 HCl，フッ化水素 HF

4 多原子分子の極性 極性の有無は分子の形による。各結合に極性があっても、分子全体で極性が打ち消される形では無極性分子である。

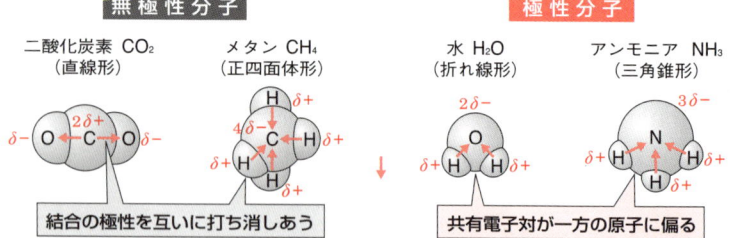

▲分子の形と極性

> **要点**
> 二原子分子 ｛同種の原子 ⇨ **無極性分子**
> 　　　　　｛異種の原子 ⇨ **極性分子**
> 多原子分子 ｛直線形, 正四面体形 ⇨ **無極性分子**
> 　　　　　｛折れ線形, 三角錐形 ⇨ **極性分子**

3 分子間力

1 分子間力 分子間に働く弱い引力を**分子間力**という。極性・無極性を問わず、すべての分子間に働く**ファンデルワールス力**や、**水素結合**などがある。

2 分子間力の強さ イオン結合や共有結合に比べれば、結合力がはるかに弱い。

3 分子間力と沸点 分子間力は、分子の質量(分子量)が大きくなると強くなる。**分子間力が強いほど、沸点が高い。** (→p.42)

例 酸素O_2、窒素N_2…分子間力が小さい ⇨ 常温で気体
　　(→分子量32)(→分子量28)
　　ナフタレン$C_{10}H_8$…分子間力が大きい ⇨ 常温で固体
　　(→分子量128)

4 水素結合 電気陰性度の大きい元素の水素化合物の分子間に生じる引力を**水素結合**という。フッ化水素HF、水H_2O、アンモニアNH_3は水素結合によって、分子量に比較して融点・沸点が異常に高い。これらの分子では、N、O、F原子がとなりの分子中のH原子と引きあっている。
　(→電子を強く引きつけ、負に帯電。)　(→逆に電子を引き離され、正に帯電。)

5 水素結合の強さ ファンデルワールス力よりは結合力が強いが、共有結合ほどは強くない。

12 原子からなる物質

1 金属結合と金属の結晶 重要

1│ 金属 鉄Feやナトリウム Naなどの単体は金属と呼ばれ、無数の原子からできている。

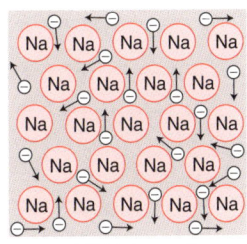
▲金属結合のモデル

2│ 金属原子の結合 金属の結晶内では、金属原子が規則的に並び、価電子は特定の原子を離れ、この価電子が多数の金属原子を互いに結合させる役目を果たしている。このような結合を金属結合という。

3│ 自由電子 金属の結晶内の価電子は、各金属原子の間をほとんど自由に動き回ることができる。このような電子を自由電子という。

> 要点
> - 金属結合 ⇨ 自由電子を多くの原子が共有しあう結合。
> - 自由電子 ⇨ 価電子で、金属の結晶内を自由に移動できる。

4│ 金属の性質 金属が自由電子による金属結合でできているため、他の物質とは異なる特有の性質がある。

a) 電気や熱をよく伝える。電気伝導性のよい銅やアルミニウムなどの金属は熱もよく伝える。

b) 展性(たたくとうすく広がる性質)や延性(引っぱると長くのびる性質)が大きい。
  例 金箔(展性の利用),銅線(延性の利用)

c) 融点や沸点が高い。

> ココに注目！
> 金属表面で光の反射が起こるため。

d) 不透明で、表面に強い金属光沢がある。

5│ 代表的な金属 鉄Fe(利用例…鉄筋,鉄骨),アルミニウムAl(利用例…ケーブル,アルミサッシ),銅Cu(利用例…電線,調理器具)など。

6│ 金属の結晶 金属結晶の原子は、多くの原子で囲まれるように配列される。この配列を結晶格子といい、結晶格子の最小単位を単位格子という。結晶格子には体心立方格子,面心立方格子,六方最密構造の3種類がある。

7. 単位格子に所属する原子の数

a) **体心立方格子** 立方体の頂点に $\frac{1}{8} \times 8$ 個，立方体の中心に1個の原子を含む。合計2個。

b) **面心立方格子** 立方体の頂点に $\frac{1}{8} \times 8$ 個，立方体の面の中心に $\frac{1}{2} \times$ 個の原子を含む。合計4個。

c) **六方最密構造** 正六角柱の頂点に $\frac{1}{6} \times 12$ 個，正六角柱の面の中心に $\frac{1}{2} \times 2$ 個，正六角柱の中間層に3個含む。単位格子は正六角柱の $\frac{1}{3}$ だから，所属する原子の数は2個。

8. 配位数
1つの原子に隣りあっている原子の数を**配位数**という。

a) **体心立方格子** 立方体の中心にある原子は，各頂点にある8個の原子と接している。⇨ 配位数は8

b) **面心立方格子** 右図のように単位格子を横に2つ並べ，その中央にある原子に着目すると，周囲をとり囲む12個の原子と接している。⇨ 配位数は12

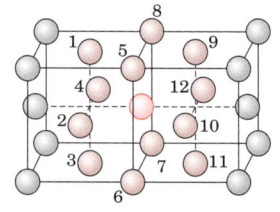

▲面心立方格子の配位数

c) **六方最密構造** 正六角柱の下面の中心にある原子に着目すると，同一平面上で6個，上の層で3個，下の層で3個，合計12個の原子と接している。⇨ 配位数は12

結晶格子名	①体心立方格子	②面心立方格子	③六方最密構造
結晶格子	単位格子 $\frac{1}{8}$個 1個	単位格子 $\frac{1}{8}$個 $\frac{1}{2}$個	単位格子 $\frac{1}{12}$個 1個分 $\frac{1}{6}$個
所属原子数	2個	4個	2個
配位数	8	12	12
充填率	68%	74%	74%
金属の例	Li, Na, K, Ba, Fe	Cu, Ag, Al, Ca, Au	Zn, Mg, Be

▲金属結晶の結晶格子

2章 物質を構成する粒子

2 共有結合の結晶とその性質 重要

1 | 共有結合の結晶
ダイヤモンドCや黒鉛C, 二酸化ケイ素SiO_2は, 多数の原子が次々と共有結合によってつながった結晶である。このような結晶を**共有結合の結晶**という。
→分子は形成していない。

2 | 共有結合の結晶の性質
a) 極めて硬いものが多く, 融点も非常に高い。
b) 電気を通さないものが多い。
　　→黒鉛は電気を通す。
c) 水やその他の溶媒に溶けにくい。

> **要点**
> **共有結合の結晶**
> 構造 ⇨ 共有結合が連続した1つの結晶。
> 性質 ⇨ 極めて硬く, 融点が高い。電気伝導性がないものが多い。

3 | ダイヤモンドの結晶
a) 炭素原子Cの4個の価電子が共有結合して, 次々に立体的に正四面体が連続した構造になっている。
b) 正四面体の中心にある炭素原子と, 各頂点にある炭素原子との間で共有結合が形成されている。
c) 無色透明であり, 非常に硬い。また, 電気を通さない。

4 | 黒鉛の結晶
a) 炭素原子Cの4個の価電子のうち, 3個が共有結合して平面をなし, この平面が重なった構造をしている。
b) 平面構造どうしは弱い分子間力で積み重なっているだけなので, うすくはがれやすい。
c) 黒色不透明であり, 軟らかい。また, 電気を通しやすい。

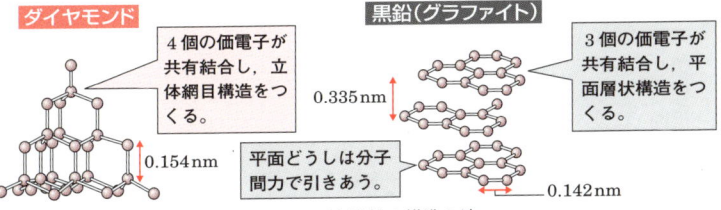

ダイヤモンド
4個の価電子が共有結合し, 立体網目構造をつくる。
0.154 nm

黒鉛(グラファイト)
3個の価電子が共有結合し, 平面層状構造をつくる。
0.335 nm
平面どうしは分子間力で引きあう。
0.142 nm

▲ダイヤモンドと黒鉛の構造の違い

13 結晶の種類と性質

1 化学結合の種類と結晶

1│化学結合の種類 化学結合には，イオン結合，共有結合，分子間力，金属結合などがある。

2│結晶の種類 結晶には，イオン結晶，分子結晶，金属結晶，共有結合の結晶などがある。

> **要点**
> - **イオン結晶** ⇨ 陽イオンと陰イオンが**イオン結合**により結合。
> - **分子結晶** ⇨ 分子が**分子間力**により結合。
> - **金属結晶** ⇨ 金属原子が**金属結合**により結合。
> - **共有結合の結晶** ⇨ 原子が**共有結合**により結合。

2 結晶の性質 【重要】

1│結合の強さと融点 結合の強さは，共有結合≧イオン結合・金属結合＞分子間力の順である。一般に，結合の強さと融点とは密接な関係があり，結合力の強い結晶ほど融点は高い。

2│結晶の種類と溶解性

a) 一般に，イオン結晶は水に溶けるものが多く，分子結晶は水に溶けにくいものが多い。また，金属結晶や共有結合の結晶は水に溶けない。

b) 分子結晶には，有機溶媒に溶けるものが多い。
　　　　　　　　　　　　↳エーテル，ベンゼンなど

▼結晶の種類と性質の比較

	イオン結晶	分子結晶	金属結晶	共有結合の結晶
結合の種類	イオン結合	分子間力	金属結合	共有結合
融点	高い	一般に低い	さまざま	極めて高い
硬さ	硬くもろい	軟らかくもろい	やや硬い	極めて硬い
展性・延性	ない	ない	ある	ない
電気伝導性	ない	ない	ある	ない
溶解性 　水	大きい	一般に小さい	ない	ない
溶解性 　有機溶媒	小さい	一般に大きい	ない	ない

2章 物質を構成する粒子

要点チェック

↓答えられたらマーク　　　　　　　　　　　　　　　　　わからなければ ⤴

- [ ] **1** 陽イオンと陰イオンとの静電気的な引力によってできた化学結合を何というか。　p.28
- [ ] **2** 物質が水に溶けて，陽イオンと陰イオンに分かれる現象を何というか。　p.29
- [ ] **3** 物質を構成する元素の原子数を，最も簡単な整数比で表す化学式を何というか。　p.29
- [ ] **4** 原子どうしが互いに価電子を共有しあうことによってできた化学結合を何というか。　p.30
- [ ] **5** 2つの原子間で共有されている電子対を何というか。　p.30
- [ ] **6** 価電子の配置を，元素記号のまわりに記号・を用いて表した式を何というか。　p.31
- [ ] **7** 一方の原子の非共有電子対が，他方の原子に提供されてできる共有結合を何というか。　p.31
- [ ] **8** 分子を構成する原子の種類と数を表した化学式を何というか。　p.32
- [ ] **9** 共有結合を形成する共有電子対を1本の線で表した化学式を何というか。　p.32
- [ ] **10** 原子間の結合で，原子が共有電子対を引きつける強さを表す数値を何というか。　p.33
- [ ] **11** 分子全体として電荷の偏(かたよ)りがある分子を何というか。　p.33
- [ ] **12** 極性・無極性を問わず，すべての分子間にはたらく分子間力を何というか。　p.34
- [ ] **13** 電気陰性度の大きい元素の水素化合物の分子間に生じる引力を何というか。　p.34
- [ ] **14** 金属中を自由に移動できる価電子を何というか。　p.35
- [ ] **15** 金属特有の，たたくとうすく広がる性質を何というか。　p.35
- [ ] **16** 金属特有の，引っぱると長くのびる性質を何というか。　p.35
- [ ] **17** ダイヤモンドや黒鉛は何という化学結合によってできた結晶か。　p.37

答

1 イオン結合，**2** 電離，**3** 組成式，**4** 共有結合，**5** 共有電子対，**6** 電子式，**7** 配位結合，**8** 分子式，**9** 構造式，**10** 電気陰性度，**11** 極性分子，**12** ファンデルワールス力，**13** 水素結合，**14** 自由電子，**15** 展性，**16** 延性，**17** 共有結合

1編 物質の構成

2章 練習問題

解答→p.86

1 次の文中の①〜⑩に適当な語句を入れよ。

最も外側の電子殻（最外殻）にあり，原子どうしが結合したり，イオンになったりするときに重要なはたらきをする電子を①（　　）という。

塩化ナトリウムでは，ナトリウム原子は1個の①（　　）を失い，1価の陽イオンとなり，安定な希ガスの②（　　）原子と同じ電子配置になる。一方，塩素原子は電子1個を受け入れて，安定な希ガスの③（　　）原子と同じ電子配置の陰イオンになる。塩化ナトリウムでは，陽イオンと陰イオンが互いに静電気的な引力で結びついた④（　　）によって結びついている。

水分子では，1個の酸素原子が2個の水素原子と①（　　）を⑤（　　）しあって結合している。その結果，酸素原子は②（　　）原子に似た電子配置になり，安定している。このような結合を⑥（　　）という。ヨウ素は，⑥（　　）からなる分子であり，固体では昇華性のある⑦（　　）結晶をつくる。一方，ダイヤモンドは，結晶全体が⑥（　　）で結ばれた結晶である。

ナトリウムのような金属元素の単体では，すべての金属原子が規則正しく配列している。金属原子から離れた①（　　）は，陽イオンの間を自由に動き回っており，このような電子を⑧（　　）という。すべての金属原子は，⑧（　　）を共有することによって互いに結合している。このように，金属原子どうしが⑧（　　）を共有することによってできる結合を⑨（　　）といい，⑨（　　）からなる結晶を⑩（　　）という。

2 次の①〜④のイオンの組み合わせでできる化合物の名称と組成式を書け。また，⑤〜⑧の化合物の化学式を書け。

① Na^+ と Cl^-　　② Al^{3+} と O^{2-}
③ Mg^{2+} と SO_4^{2-}　　④ K^+ と CO_3^{2-}
⑤ 塩化銀　　⑥ 水酸化バリウム
⑦ 硫化鉄(Ⅱ)　　⑧ 水酸化鉄(Ⅲ)

HINT **2** 組成式は，電気的に中性になるように陽イオンと陰イオンを組み合わせる。化合物の名称は，陰イオン，陽イオンの順に名づける。

3 次の①～⑤の物質の電子式と構造式を書け。
① HCl   ② NH₃   ③ CO₂   ④ N₂   ⑤ CHCl₃

4 次の(1)～(4)にあてはまる分子を，あとのア～クからすべて選べ。
(1) 直線形の無極性分子
(2) 折れ線形の極性分子
(3) 正四面体形の無極性分子
(4) 三角錐形の極性分子

　ア　N₂　　　　イ　NH₃　　　ウ　CH₄　　　エ　CO₂
　オ　HCl　　　カ　H₂S　　　キ　H₂O　　　ク　CCl₄

5 次の①～⑩の物質のうち，原子間の結合がイオン結合からなるものにはA，共有結合からなるものにはB，金属結合からなるものにはCを記せ。
① H₂　　② Fe　　③ Al₂O₃　　④ Au　　⑤ CH₄
⑥ SiO₂　　⑦ NaCl　　⑧ KF　　⑨ H₂O　　⑩ Na

6 下記の①～④の物質について，あとの問いに答えよ。
① ダイヤモンド　② 銅　③ ヨウ素　④ 硫酸ナトリウム

(1) ①～④はそれぞれどのような結合によって構成されているか。次のア～エからそれぞれ１つ選べ。
　ア　分子間力　　　　　　　イ　価電子の共有による結合
　ウ　静電気的な引力による結合　　エ　自由電子による結合

(2) ①～④の性質を示す最も適当なものを，ア～エからそれぞれ１つ選べ。
　ア　電気をよく導き，展性・延性がある。
　イ　一般に融点が低く，昇華性のものが多い。電気伝導性はない。
　ウ　一般に融点が高く，結晶は電気を導かないが，水溶液や融解状態では電気を導く。
　エ　一般に融点は非常に高く，極めて硬い。

HINT **6** イオン結晶，共有結合の結晶，金属結晶，分子結晶に分類せよ。分子結晶は昇華性，イオン結晶は電気伝導性に注意する。

14 原子量，分子量，式量と物質量

1 原子量 重要

1 原子の原子量
質量数 12 の炭素原子 ^{12}C の質量を 12 とし，これを基準として各原子の相対的な質量を表したものを，その原子の**原子量**という。
→相対値だから単位はない。

例 水素原子の原子量が 1.0 であるというのは，水素原子 ^1H の質量が，炭素原子 ^{12}C の質量のちょうど $\frac{1}{12}$ であることを示す。

▲原子量（原子の質量を比べる）

2 元素の原子量
各元素の原子量は，各同位体の相対質量に存在比をかけた平均値が用いられる。
→p.17

例 塩素の同位体には，^{35}Cl（相対質量 35.0）と ^{37}Cl（相対質量 37.0）があり，その存在比は，それぞれ 75.8％，24.2％である。塩素の原子量は，次のように計算できる。

$$35.0 \times \frac{75.8}{100} + 37.0 \times \frac{24.2}{100} ≒ 35.5$$

2 分子量と式量

1 分子量
原子量の場合と同様，^{12}C を基準とした各分子の相対的な質量を**分子量**という。

分子量は，分子を構成する各元素の原子量の総和から求める。

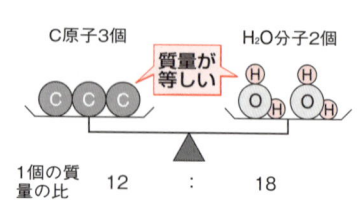

▲分子量（分子の質量を比べる）

2 式量
分子をつくらない物質は，組成式中に含まれる各元素の原子量の総和を求める。これを**式量**（または**化学式量**）という。

要点

原子量 ⇨ ^{12}C の質量を 12 とし，これを基準としたときの原子の質量の相対値。

分子量・式量 ⇨ 構成する元素の**原子量の総和**。

3章 物質量と化学反応式

3 アボガドロ数と物質量 重要

1│ アボガドロ数　質量数が12の炭素原子 ^{12}C 12g の中には，$6.0×10^{23}$ 個の炭素原子が含まれている。この $6.0×10^{23}$ を**アボガドロ数**という。
　　→有効数字が3けたの場合は $6.02×10^{23}$ とする。

例　1. 塩素 35.5g 中には，$6.0×10^{23}$ 個の塩素原子 Cl が含まれている。
　　　→原子量35.5
　　2. 水 18g 中には，$6.0×10^{23}$ 個の水分子 H_2O が含まれている。
　　　→分子量18

2│ 物質量

a) $6.0×10^{23}$（アボガドロ数）個の原子や分子，イオンなどの粒子を扱うときは，$6.0×10^{23}$（アボガドロ数）個の粒子の集団をひとまとめにした新しい単位を用いる。**$6.0×10^{23}$ 個の同一粒子の集団を1モル**（記号で**mol**）といい，モルを単位として表した物質の量を**物質量**という。
　　　　　　　　　　　　　　　　　　↑鉛筆12本を1ダースというのと同じ。

> **要点**
> **物質量** ⇨ mol単位で表した物質の量。
> n [mol] ⇔ $n×(6.0×10^{23})$ [個] ⇔ $n×$式量 [g]

b) 物質 1mol あたりの粒子の数，つまり，$6.0×10^{23}$/mol は**アボガドロ定数**と呼ばれ，記号 **N_A** で表す。

3│ モル質量　一般に，1mol あたりの物質の質量を**モル質量**といい，原子量や分子量，式量に g の単位をつけた値に等しい。モル質量の単位は g/mol である。

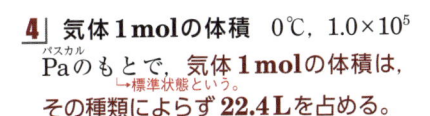

4│ 気体 1mol の体積　0℃，$1.0×10^5$ Pa のもとで，気体 1mol の体積は，
　　↑パスカル　　　　　　→標準状態という。
その種類によらず 22.4L を占める。

```
           粒子の質量
         (原子量，分子量，式量)g
                ‖
            物質量1mol
           ‖          ‖
      粒子の数      気体の体積
    6.0×10²³個       22.4L
   (アボガドロ数)    (標準状態)
```

▲物質量と粒子数・質量・体積の関係

> **要点**
> 物質量 n [mol] $= \dfrac{質量 w [g]}{モル質量 M [g/mol]}$ または $w = n × M$
>
> 標準状態で V [L] の気体の物質量　n [mol] $= \dfrac{V [L]}{22.4 L/mol}$

4 物質量 ⇌ 分子数・質量・体積への換算

1 物質量 n〔mol〕⇌ 分子数 a〔個〕

物質量 n と分子数 a は，アボガドロ定数（$N_A=6.0\times10^{23}$/mol）を使って換算する。

$$n=\frac{a}{N_A} \quad a=n\times N_A$$

a〔個〕 $\xrightarrow{\times N_A}\xleftarrow{\div N_A}$ n〔mol〕 $\xrightarrow{\times 22.4}\xleftarrow{\div 22.4}$ 気体 V〔L〕〔標準状態〕

n〔mol〕 $\xrightarrow{\div M}\xleftarrow{\times M}$ w〔g〕

N_A；アボガドロ定数
M；モル質量

2 物質量 n〔mol〕⇌ 質量 w〔g〕

物質量 n と質量 w は，モル質量 M〔g/mol〕を使って換算する。

$$n\text{〔mol〕}=\frac{w\text{〔g〕}}{M\text{〔g/mol〕}} \quad w=n\times M$$

3 物質量 n〔mol〕⇌ 気体の体積 V〔L〕

物質量 n と気体の体積 V は，22.4（標準状態で 1 mol の気体の体積は 22.4 L/mol）を使って換算する。

$$n\text{〔mol〕}=\frac{V\text{〔L〕}}{22.4\text{ L/mol}} \quad V=n\times 22.4$$

要点

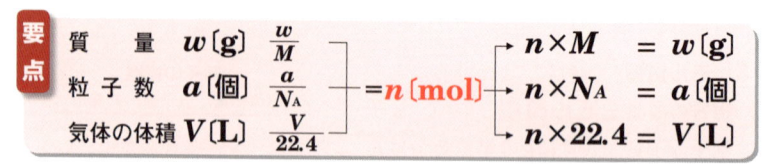

質　　量 w〔g〕 $\dfrac{w}{M}$ 　　　　　　$n\times M\ =w$〔g〕
粒 子 数 a〔個〕 $\dfrac{a}{N_A}$ $=n$〔mol〕　$n\times N_A=a$〔個〕
気体の体積 V〔L〕 $\dfrac{V}{22.4}$ 　　　　　　$n\times 22.4=V$〔L〕

例題研究 物質量と質量

塩化アルミニウム $AlCl_3$　0.50 mol の質量はいくらか。また，この中に含まれている塩化物イオン Cl^- の数はいくらか。原子量は Al = 27.0，Cl = 35.5 とし，アボガドロ定数を 6.0×10^{23}/mol とする。

解 $AlCl_3$ の式量 = 27.0 + 35.5 × 3 = 133.5

$AlCl_3$ 0.50 mol の質量は，

$\quad$ 133.5 g/mol × 0.50 mol ≒ 67 g

$AlCl_3$ 1 mol 中に 3 mol の Cl^- を含むから，Cl^- の数は，

$\quad$ 0.50 mol × 3 × 6.0×10^{23} 個/mol = 9.0×10^{23} 個

答　67 g，9.0×10^{23} 個

3章 物質量と化学反応式

15 溶液，溶液の濃度，溶解度

1 溶液と溶解

1 溶液とは 液体は，さまざまな物質を溶かすことができる。液体に他の物質が溶けているとき，これを**溶液**という。

2 溶液の特徴
 a) 溶液は透明であり，溶けている物質は目に見えない。→色がついていてもよい。
 b) 溶液は物質が一様に混じりこんだ混合物である。

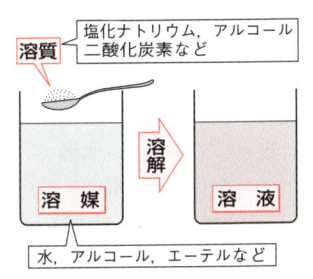

溶質：塩化ナトリウム，アルコール，二酸化炭素など
溶媒：水，アルコール，エーテルなど

▲溶質・溶媒・溶液の関係

3 溶媒と溶質 溶液は，溶媒と溶質からできている。

 溶媒…他の物質を溶かす液体。
 溶質…溶媒中に溶ける物質。

[ココに注目!] 溶媒が水である場合，水溶液という。

4 溶解 溶質が溶媒に一様に溶けこんでいく現象を**溶解**という。

> **要点** 溶媒（溶かす液体）＋ 溶質（溶ける物質） —溶解→ 溶液

2 溶液の濃度 重要

1 濃度 溶液中に溶質がどれくらいの割合で含まれているかを示す値を，溶液の**濃度**という。

2 質量パーセント濃度 溶液の質量に対する溶質の質量を百分率で表した濃度で，％（パーセント）の記号をつけて示す。

> **要点** 質量パーセント濃度$[\%] = \dfrac{\text{溶質の質量}[g]}{\text{溶液（溶媒＋溶質）の質量}[g]} \times 100$

例 水100gに塩化カリウム25gを溶かした水溶液の場合，塩化カリウム水溶液の質量は，$100+25=125$gだから，質量パーセント濃度は，
$\dfrac{25}{125} \times 100 = 20\%$

3 モル濃度 溶液1L中に含まれる溶質の量を物質量〔mol〕の単位で表した濃度で、単位〔mol/L〕をつけて示す。

要点

$$\text{モル濃度〔mol/L〕} = \frac{\text{溶質の物質量〔mol〕}}{\text{溶液の体積〔L〕}}$$

例 グルコース 18.0 g
→ブドウ糖
を水に溶かして、水溶液の全体積を 250 mL（= 0.25 L）にすると、このグルコース水溶液のモル濃度は次のように計算できる。

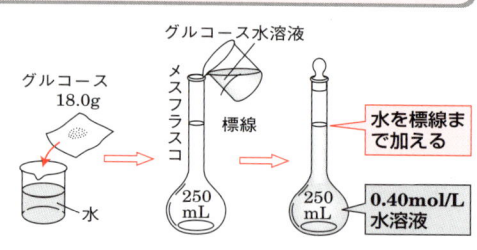

▲一定モル濃度の水溶液の調製

グルコースの分子量を計算すると、$C_6H_{12}O_6 = 180$ で、グルコースのモル質量は 180 g/mol
→ 12×6 + 1.0×12 + 16×6
だから、18.0 g の物質量は、

$$\frac{18.0\,\text{g}}{180\,\text{g/mol}} = 0.10\,\text{mol}$$

したがって、モル濃度は、$\dfrac{0.10\,\text{mol}}{0.25\,\text{L}} = 0.40\,\text{mol/L}$

3 濃度の換算 【重要】

溶液の質量を基準にした質量パーセント濃度から、溶液の体積を基準にしたモル濃度への換算は、溶液の密度を用いて次の順に行う。

① まず、密度を使って、**溶液1Lの質量〔g〕**を求める。
② ①の値と質量パーセント濃度を使って**溶質の質量〔g〕**を求める。
③ ②の値を、溶質のモル質量〔g/mol〕で割って**溶質の物質量〔mol〕**を求める。
④ ③で得られた値に単位〔mol/L〕をつければ**モル濃度**が求められる。

例題研究 質量パーセント濃度からモル濃度への換算

96.0%の濃硫酸の密度は 1.84 g/cm³ である。この濃硫酸のモル濃度はいくらか。ただし、硫酸の分子量を 98.0 とする。

解 濃硫酸 1 L（= 1000 cm³）の質量は、1.84 g/cm³ × 1000 cm³ = 1840 g

この中の 96.0% が硫酸だから、$1840\,\text{g} \times \dfrac{96}{100} ≒ 1766\,\text{g}$ の硫酸が含まれることになる。よって、1766 g ÷ 98.0 g/mol ≒ 18.0 mol/L

答 18.0 mol/L

4 固体の溶解度

1. **飽和溶液**　一定量の溶媒に溶質を溶かしていくと、ある量以上の溶質を加えても溶けきれずに残る。溶質が限界まで溶けた溶液を**飽和溶液**という。

2. **溶解度**　一定量の溶媒に溶けることができる溶質の最大量(飽和溶液中の溶質の量)を**溶解度**という。一般的に固体の溶解度は、**溶媒100gに溶ける溶質の最大量をg単位で表した数値**で示す。

3. **溶解度曲線**　溶解度と温度の関係を表したグラフを**溶解度曲線**という。右上の図は、溶媒が水であるときの溶解度曲線である。ふつう**固体の溶解度は、温度が上がるほど大きくなる。**

4. **結晶の析出**　温度により溶解度が大きく変化する物質の飽和溶液を冷却すると、
   <small>→KNO_3、$CuSO_4$など</small>
   右の溶解度曲線からわかるように溶解度の差に相当する量の結晶が析出する。

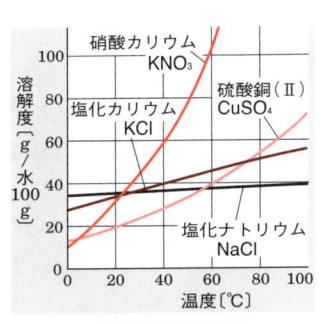

▲固体の溶解度曲線

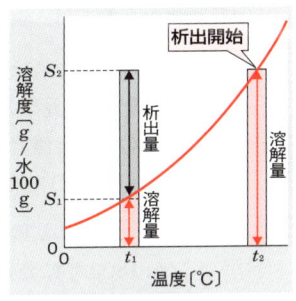

▲結晶の析出量

例題研究　結晶の析出量

40℃の硝酸カリウム飽和溶液300gを10℃に冷却すると、何gの硝酸カリウムが析出するか。ただし、硝酸カリウムの水100gに対する溶解度は、10℃のとき22.0、40℃のとき64.0とする。

解　40℃の水100gに硝酸カリウム64.0gを溶かした飽和溶液は、
$$100 + 64.0 = 164 \text{ g}$$
40℃の飽和溶液164gを10℃まで冷却すると析出する硝酸カリウムは、
$$64.0 - 22.0 = 42.0 \text{ g}$$
飽和溶液が300gのときに析出する結晶をx〔g〕とすると、
$$164 : 42.0 = 300 : x \quad \therefore \quad x ≒ 76.8 \text{ g}$$

答　76.8 g

2編 物質の変化

16 化学の基本法則

1 原子説の誕生まで

1│ 質量保存の法則　発見者はフランスの**ラボアジエ**。1774年に発表。

「化学変化において，反応前の物質の質量の総和と，反応後の物質の質量の総和は変わらない。」

例　メタンの燃焼　　$CH_4 + 2O_2 \longrightarrow CO_2 + 2H_2O$

〔反応前〕　CH_4；$1\,mol \times 16\,g/mol = 16\,g$ ⎫
　　　　　　O_2；$2\,mol \times 32\,g/mol = 64\,g$ ⎭ 80 g

〔反応後〕　CO_2；$1\,mol \times 44\,g/mol = 44\,g$ ⎫
　　　　　　H_2O；$2\,mol \times 18\,g/mol = 36\,g$ ⎭ 80 g

反応前と反応後では，物質の質量の総和は80gで変わらない。

2│ 定比例の法則　発見者はフランスの**プルースト**。1799年に発表。

「化合物を構成する元素の質量の比は常に一定である。」

例
- 水H_2Oの水素と酸素の質量比　　水素：酸素＝1：8（一定）
- 酸化銅(Ⅱ)CuOの銅と酸素の質量比　　銅：酸素＝4：1（一定）

3│ 原子説　質量保存の法則と定比例の法則を説明するために，イギリスの**ドルトン**が1803年に発表。

a) すべての物質は原子からできており，それ以上は分割することができない。

b) 同じ元素の原子は質量や性質が同じである。

c) 化合物は，異なる原子が決まった割合で結合している。

d) 原子は化学変化の前後でなくなったり，新しく生まれたりすることはない。

4│ 倍数比例の法則　ドルトンが自ら原子説を説明するために，原子説と同じ1803年に発表。

「2種類の元素A，Bからなる化合物が複数あるとき，一定質量のAと化合するBの質量の比は簡単な整数比となる。」

例　一酸化炭素 CO　　　炭素：酸素＝12 g：16 g
　　二酸化炭素 CO_2　　炭素：酸素＝12 g：32 g

炭素12 gと化合している酸素の質量比は1：2である。

3章 物質量と化学反応式

2 分子説の誕生まで

1│ 気体反応の法則　発見者はフランスの**ゲーリュサック**。

「気体間の反応において，反応または生成する気体の体積は，同温・同圧のもとでは簡単な整数比が成り立つ。」

例　水素2体積と酸素1体積が反応すると，水蒸気2体積が生成。

2│ 分子説　ゲーリュサックは，原子説に基づいてこの法則を説明しようとした。しかし，原子が割れないものとすると，生成する水蒸気が1体積となり，また，水蒸気が2体積できるとすると，原子が分割されてしまうという矛盾が生じた。

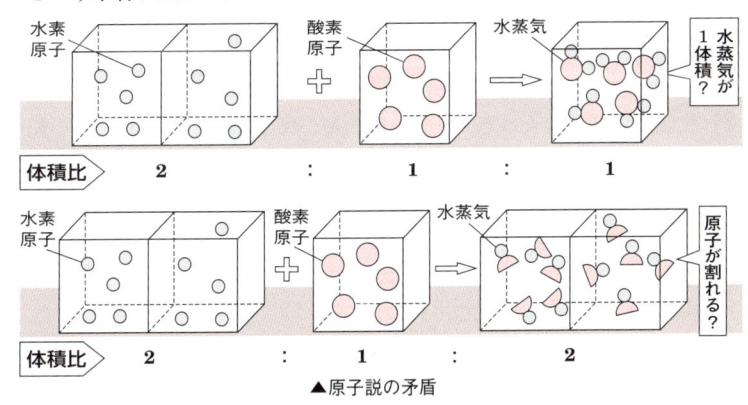

▲原子説の矛盾

イタリアの**アボガドロ**は，次に示す**分子説**を発表し，気体反応の法則を矛盾なく説明した。

a) すべての気体は同種・異種にかかわらず，いくつかの原子が結合した分子からなる。

b) すべての気体は同温・同圧のもとでは，同体積中に同数の分子を含む（**アボガドロの法則**）。

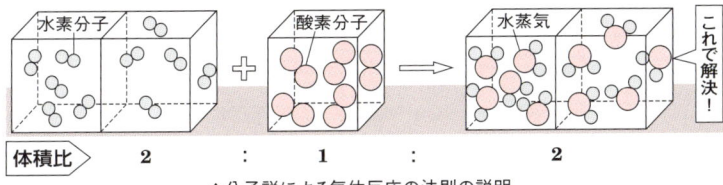

▲分子説による気体反応の法則の説明

17 化学反応式と量的関係

1 化学反応式とそのつくり方 重要

1│ 化学反応式 化学変化を表すには，化学反応式を用いる。化学反応式は，反応物の化学式を左辺に，生成物の化学式を右辺に書き，矢印（⟶）で結び，次の要点に示すルールにもとづき，完成させる。

> **要点**
> 〔化学反応式の規則〕
> ①左辺と右辺で，同種の原子の数が等しくなるように，化学式の前に係数をつける。ただし，係数が1のときは省略する。
> ②触媒など，反応の前後で変化しない物質は，反応式中に書かない。

2│ 化学反応式のつくり方 エタンの燃焼の反応式は，次のa)～e)の順序でつくる。 ←この方法を目算法という。

a) 反応物の化学式を左辺に，生成物の化学式を右辺に書く。

$$C_2H_6 + O_2 \longrightarrow CO_2 + H_2O$$

b) C原子の数が両辺であうように係数を決める。

$$\underline{C_2H_6} + O_2 \longrightarrow 2\,CO_2 + H_2O$$
　　　→ C原子2個

c) H原子の数が両辺であうように係数を決める。

$$\underline{C_2H_6} + O_2 \longrightarrow 2\,CO_2 + 3\,H_2O$$
　　　→ H原子6個

d) O原子の数が両辺であうように係数を決める。

$$C_2H_6 + \frac{7}{2}O_2 \longrightarrow \underline{2\,CO_2 + 3\,H_2O}$$
　　　　　　　　→ O原子7個

e) 両辺を2倍すると，化学反応式が得られる。

$$2\,C_2H_6 + 7\,O_2 \longrightarrow 4\,CO_2 + 6\,H_2O$$

3│ 複雑な化学反応式の係数の決め方 銅が希硝酸に溶けて硝酸銅(Ⅱ)と水と一酸化窒素を生じる反応の化学反応式は，次の順序でつくる。この方法を未定係数法という。

a) 未知の係数をx，y，z，u，vとし，化学反応式をつくる。

$$x\,Cu + y\,HNO_3 \longrightarrow z\,Cu(NO_3)_2 + u\,H_2O + v\,NO$$

b) 左辺と右辺の各原子の数が等しくなるように，各原子について式を立てる。

Cuについて，$x = z$
Nについて，$y = 2z + v$
Hについて，$y = 2u$　　Oについて，$3y = 6z + u + v$

c) 未知数はx, y, z, u, vの5つがあるが，方程式は4つしかないので解けない。このような連立方程式の場合は，<u>最も多く出てくる未知数を1とおくのがよい</u>。$y = 1$とおくと，

$$u = \frac{1}{2}, \ v = \frac{1}{4}, \ x = z = \frac{3}{8}$$

$$\therefore \ \frac{3}{8}Cu + HNO_3 \longrightarrow \frac{3}{8}Cu(NO_3)_2 + \frac{1}{2}H_2O + \frac{1}{4}NO$$

d) 両辺を8倍すると，次式が得られる。

$$3Cu + 8HNO_3 \longrightarrow 3Cu(NO_3)_2 + 4H_2O + 2NO$$

4 **イオン反応式**　反応に関係したイオンや分子などの化学式を使って，水溶液中で起こる変化を表した反応式を**イオン反応式**という。イオン反応式では，両辺の電荷の総和も等しい。

例　AgNO₃水溶液にNaCl水溶液を加えてAgClの沈殿ができる場合，
$$Ag^+ + Cl^- \longrightarrow AgCl \downarrow$$ →Na⁺やNO₃⁻は反応に関係していないので書かない。

2 化学反応式の表す意味

1 **化学式からわかること**　化学式から，その物質の成分元素，原子数の比などについて知ることができる。たとえば，CH_4からは次のことがわかる。

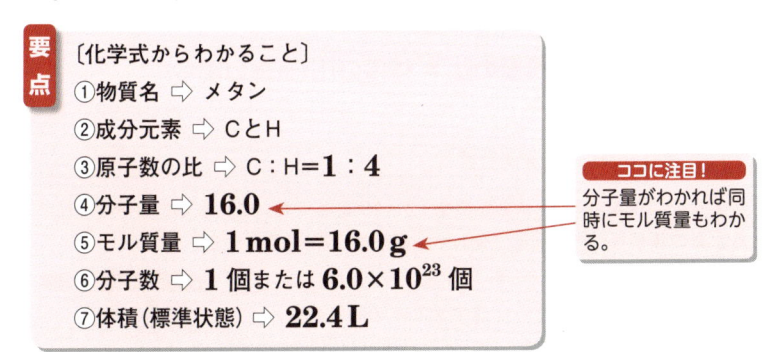

要点　〔化学式からわかること〕
① 物質名 ⇨ メタン
② 成分元素 ⇨ CとH
③ 原子数の比 ⇨ **C : H = 1 : 4**
④ 分子量 ⇨ **16.0**
⑤ モル質量 ⇨ **1 mol = 16.0 g**
⑥ 分子数 ⇨ **1個**または6.0×10^{23}**個**
⑦ 体積（標準状態）⇨ **22.4 L**

ココに注目！
分子量がわかれば同時にモル質量もわかる。

---

2 **化学反応式からわかること**　化学反応式から，反応物と生成物間の量的な関係を知ることができる。たとえば，アンモニア合成の反応式から，次ページの要点に示すような量的なことがらを知ることができる。

2編 物質の変化

要点 〔化学反応式からわかること〕

	N_2	+	$3H_2$	⟶	$2NH_3$
分子数	1		3		2
	$6.0×10^{23}$		$3×6.0×10^{23}$		$2×6.0×10^{23}$
物質量の関係	1 mol		3 mol		2 mol
質量の関係	28.0 g		3×2.0 g		2×17.0 g
体積関係（標準状態）	22.4 L		3×22.4 L		2×22.4 L
（同温・同圧）	1（体積）		3（体積）		2（体積）

3 化学反応式と量的計算 【重要】

1 量的計算の手順　化学反応における量的計算は，次の順で行う。
 a) 化学反応式を完成する。
 b) 化学反応式の係数から，**物質量の関係，質量関係，体積関係を読みとり，比例計算を行う。**

2 量的計算のパターン　化学反応における量的計算は，簡単な比例によって求められることが多いので，そのパターンを分類すると，次の4つになる。
 a) 物質量で計算する。　　b) 質量で計算する。
 c) 体積で計算する。　　　d) a), b), c)から2つを組み合わせて計算。

要点　**係数の比 ＝ 物質量の比 ＝ 体積の比（気体の場合）**

例題研究　化学反応式と量的計算

アルミニウム Al 5.4 g に希塩酸を十分に反応させた。この反応によって発生する水素の体積は，標準状態で何Lか。原子量は Al = 27 とする。

解　$2Al + 6HCl \longrightarrow 2AlCl_3 + 3H_2$

ココに注目！ 物質量の比は，Al : HCl : $AlCl_3$: H_2 = 2 : 6 : 2 : 3

反応式の係数の比より，発生する H_2 の物質量は，

$$\frac{5.4 \text{ g}}{27 \text{ g/mol}} × \frac{3}{2} = 0.30 \text{ mol} \quad →パターンa)$$

よって，発生する H_2 の標準状態における体積は，

22.4 L/mol × 0.30 mol = 6.72 ≒ 6.7 L　→パターンc)

答　6.7 L

要点チェック

↓答えられたらマーク   わからなければ ⤶

- □ **1** ^{12}Cの質量を12とし,これを基準にして各原子の相対的な質量を表したものを何というか? p.42
- □ **2** ^{12}Cを基準にして各分子の相対的な質量を表したものを何というか? p.42
- □ **3** 組成式中に含まれている原子量の総和を何というか? p.42
- □ **4** ^{12}Cの12g中には,6.0×10^{23}個のC原子が含まれている。この6.0×10^{23}という値を何というか? p.43
- □ **5** 6.0×10^{23}個の同一粒子の集団のことを何と呼ぶか? p.43
- □ **6** molを単位として表した物質の量のことを何というか? p.43
- □ **7** 物質1molあたりの質量を何というか? p.43
- □ **8** 標準状態で,気体1molが占める体積は何Lか? p.43
- □ **9** 他の物質を溶かす液体を何というか? p.45
- □ **10** 溶媒中に溶ける物質を何というか? p.45
- □ **11** 溶質が溶媒中に一様に溶けこんでいくことを何というか? p.45
- □ **12** 溶液の質量に対する溶質の質量の割合を百分率で表した濃度を何というか? p.45
- □ **13** 溶液1L中に含まれる溶質の量を物質量〔mol〕の単位で表した濃度を何というか。また,どのような単位で表されるか? p.46
- □ **14** 一定量の溶媒に溶けうる溶質の最大量を何というか。 p.47
- □ **15** 気体は,同温・同圧のもとで同体積中に同数の分子を含むという法則名を何というか? p.49
- □ **16** 化学反応式で,左辺と右辺の同種の原子の数が等しくなるように,化学式の前につける数字を何というか? p.50
- □ **17** $N_2 + 3H_2 \longrightarrow 2NH_3$の反応において,$N_2$と$H_2$と$NH_3$の物質量の比はどのようになるか? p.52

答

1 原子量,**2** 分子量,**3** 式量(化学式量),**4** アボガドロ数,**5** 1mol,**6** 物質量
7 モル質量,**8** 22.4L,**9** 溶媒,**10** 溶質,**11** 溶解,**12** 質量パーセント濃度
13 モル濃度,mol/L,**14** 溶解度,**15** アボガドロの法則,**16** 係数,**17** 1:3:2

3章 練習問題

1 原子量について、次の各問いに答えよ。原子量；C = 12, N = 14, O = 16, Cl = 35.5

(1) 天然のホウ素は、^{10}B が 20.0％、^{11}B が 80.0％からなる。相対質量をそれぞれ 10.0、11.0 として、ホウ素の原子量を求めよ。

(2) ある金属 M の酸化物 MO_2 の中には、M が質量百分率で 60％含まれている。M の原子量はいくらか。

(3) 次のア〜オの気体のうち、同温・同圧における密度が最も大きいのはどれか。
ア O_2　イ Cl_2　ウ CO_2　エ NO　オ NO_2

2 次の各問いに答えよ。原子量；H = 1.0, C = 12, N = 14, O = 16
アボガドロ定数；6.0×10^{23}/mol

(1) 22 g の二酸化炭素の物質量は何 mol か。
(2) 二酸化炭素分子 1 個の質量は何 g か。
(3) 2.2 g の二酸化炭素は、標準状態で何 L か。
(4) アンモニア 0.20 mol 中の水素原子は何個か。
(5) 標準状態で密度が 1.34 g/L の気体の分子量はいくらか。

3 次の各問いに答えよ。原子量；H = 1.0, O = 16, Na = 23, S = 32

(1) 水酸化ナトリウム 12 g を水に溶かして 400 mL の水溶液とした。この水溶液のモル濃度を求めよ。
(2) 質量パーセント濃度 98.0％ の濃硫酸の密度は、1.84 g/cm^3 である。この濃硫酸のモル濃度は何 mol/L か。
(3) 6.0 mol/L の硫酸 100 mL と 2.0 mol/L の硫酸 300 mL とを混ぜて、400 mL の硫酸をつくった。この硫酸のモル濃度は何 mol/L か。

HINT
1 (3) 気体の密度は分子量に比例することから求める。
2 (4) アンモニア分子 1 個には水素原子 3 個が含まれている。

4 次の反応式中の( )の中に，1を含めて係数を入れよ。

(1) (   )C_2H_4 + (   )$O_2 \longrightarrow$ (   )CO_2 + (   )H_2O

(2) (   )C_3H_8O + (   )$O_2 \longrightarrow$ (   )CO_2 + (   )H_2O

(3) (   )$CaCO_3$ + (   )$HCl \longrightarrow CaCl_2$ + (   )CO_2 + (   )H_2O

(4) (   )NH_3 + (   )$O_2 \longrightarrow$ (   )NO + (   )H_2O

5 次の反応を化学反応式で記せ。

(1) プロパンC_3H_8が燃焼すると，二酸化炭素と水が発生する。

(2) 亜鉛を塩酸に入れると，水素を発生する。

(3) 過酸化水素水に触媒としてMnO_2を加えて反応させる。

(4) 銅に濃硫酸を加えて熱すると，二酸化硫黄が発生する。

6 メタノール CH_3OH の燃焼について，次の問いに答えよ。原子量；H = 1.0，C = 12，O = 16，アボガドロ定数；6.0×10^{23}/mol

(1) メタノールが完全燃焼するときの化学反応式を書け。

(2) メタノール16gが完全燃焼して生じる水は何gか。

(3) (2)のとき，生じる二酸化炭素は標準状態で何Lか。

(4) 22gの二酸化炭素が発生したとき，完全燃焼したメタノールは何gか。

7 一酸化炭素10Lと酸素30Lを混合し，一酸化炭素を完全に二酸化炭素にした。反応後の混合気体の体積は何Lか。ただし，体積はすべて同温・同圧におけるものとする。

8 酸化マンガン(Ⅳ)MnO_2 1.74gは，ある濃度の塩酸200mLと過不足なく反応してCl_2を発生した。この反応の化学反応式は次のとおりである。

$$MnO_2 + 4HCl \longrightarrow MnCl_2 + Cl_2 + 2H_2O$$

このとき，反応に用いた塩酸のモル濃度を求めよ。原子量；H = 1.0，O = 16，Mn = 55

HINT **4** 最も複雑な物質の係数を1とおく。
7 同温・同圧における気体の場合，係数の比は気体の体積比を表す。

18 酸と塩基

1 酸・塩基の性質

1 酸の性質 塩酸HCl,硝酸HNO_3,硫酸H_2SO_4などは,次のような共通の性質を示す。この性質を**酸性**といい,酸性を示す物質を**酸**という。
a) 酸味がある。
b) 亜鉛や鉄などの金属と反応して,水素を発生させる。
c) 青色リトマス紙を赤変させたり,BTB溶液を黄色に変えたりする。
　　　　　　　　　　　　　　　　→中性条件下では緑色。

2 塩基の性質 水酸化ナトリウム水溶液NaOH,アンモニア水NH_3などは,次のような共通の性質を示す。この性質を**塩基性**といい,塩基性を示す物質を**塩基**という。

> **ココに注目!**
> 水に溶けやすい塩基は,アルカリと呼ばれることもある。

a) 手につけるとぬるぬるする。
b) 赤色リトマス紙を青変させたり,BTB溶液を青色に変えたりする。

2 酸・塩基の定義 **重要**

1 アレニウスの酸・塩基 酸とは水溶液中で電離して**水素イオンH^+を生じる**分子またはイオンであり,塩基とは水溶液中で電離して**水酸化物イオンOH^-を生じる**分子またはイオンである。

2 ブレンステッドの酸・塩基 酸とは**水素イオンH^+を与える**分子またはイオンであり,塩基とは**水素イオンH^+を受け取る**分子またはイオンである。

3 オキソニウムイオン アレニウス,ブレンステッドいずれの定義にも水素イオンの移動が伴うが,水溶液中で生じた水素イオンはH_3O^+の**オキソニウムイオン**の形で存在している。ただし,特に必要のある場合を除いては,簡略化してH^+と書く。

$$HCl + H_2O \longrightarrow H_3O^+ + Cl^-$$

▲オキソニウムイオン生成の例

4 ルイスの酸・塩基 酸とは**電子対を受け入れる**ものであり,塩基とは**電子対を与える**ものである。

3 価数と電離度 重要

1 価数による分類

a) **価数とは** 酸においては電離してH^+になることのできるHの数を，塩基においては電離してOH^-になることのできるOHの数を**価数**という。

b) **酢酸** 酢酸CH_3COOHの水素原子のうちH^+イオンになるのは，—COOH中の水素原子1個だけなので，1価の酸である。

$$CH_3COOH \rightleftarrows CH_3COO^- + H^+$$

c) **アンモニア** アンモニアは加水分解して次のように電離するので，1価の塩基である。

$$NH_3 + H_2O \rightleftarrows NH_4^+ + OH^-$$

▼酸・塩基の価数による分類

酸	1価の酸	HCl, CH_3COOH, HNO_3
	2価の酸	H_2SO_4, H_2CO_3, H_2SO_3, H_2S
	3価の酸	H_3PO_4
塩基	1価の塩基	NaOH, KOH, NH_3
	2価の塩基	$Ca(OH)_2$, $Ba(OH)_2$, $Cu(OH)_2$
	3価の塩基	$Al(OH)_3$, $Fe(OH)_3$

2 電離度による分類

a) **電離度とは** 電解質の水溶液で，溶けている電解質全体の物質量に対して，そのうち電離している電解質の物質量の割合。

> ココに注目！
> 電離度は，水溶液の温度や濃度によって異なる。

$$電離度(\alpha) = \frac{電離している電解質の物質量}{溶けている電解質全体の物質量}$$

b) **電離度による酸・塩基の強さ** 酸・塩基のうち，塩酸や水酸化ナトリウムのように，電離度が1に近いものを**強酸・強塩基**という。一方，電離度が小さい酸や塩基を**弱酸・弱塩基**という。

←価数は酸・塩基の強さとは関係ない。

▼酸・塩基の電離度による分類

強酸	HCl, HNO_3, H_2SO_4
弱酸	H_2CO_3, CH_3COOH, H_2SO_3, H_2S
強塩基	NaOH, KOH, $Ca(OH)_2$, $Ba(OH)_2$
弱塩基	NH_3, $Cu(OH)_2$, $Fe(OH)_3$, $Al(OH)_3$

19 水素イオン濃度とpH

1 水のイオン積 【重要】

1│ 水の電離 水は中性であるが，分子のごく一部が水素イオンH^+と水酸化物イオンOH^-に電離している。
→これにより純水な水もごくわずかに電流を流す。

$$H_2O \longrightarrow H^+ + OH^-$$

2│ 水のイオン積

a) H^+とOH^-のモル濃度をそれぞれ[H^+]，[OH^-]と書き表すと，[H^+]と[OH^-]の積は一定の値K_wとなる。

b) 25℃においてK_wの値は$1.0 \times 10^{-14}(mol/L)^2$であり，これを**水のイオン積**という。

> **要点**
> **水のイオン積** ⇨ 水はごくわずかに電離しており，水溶液中では，次の関係が成り立つ。
> $$K_w = [H^+] \times [OH^-] = 1.0 \times 10^{-14}(mol/L)^2$$

2 水溶液の液性と水素イオン濃度

1│ 酸性の水溶液 酸性の水溶液中では，水素イオン濃度[H^+]は大きくなるが，K_wが一定であるので，水酸化物イオン濃度[OH^-]は減少する。

2│ 塩基性の水溶液 塩基性の水溶液中では，水酸化物イオン濃度[OH^-]は大きくなるが，K_wが一定であるので，水素イオン濃度[H^+]は減少する。

3│ 中性の水溶液 中性の水溶液では水素イオン濃度[H^+]と水酸化物イオン濃度[OH^-]の間に，[H^+] = [OH^-] = $1.0 \times 10^{-7} mol/L$の関係が成り立つ。

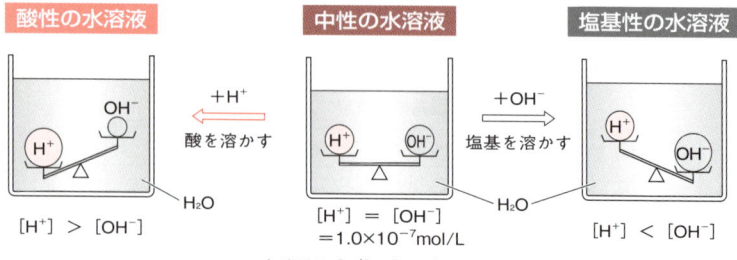

酸性の水溶液
[H^+] > [OH^-]

←$+H^+$ 酸を溶かす

中性の水溶液
[H^+] = [OH^-]
$=1.0 \times 10^{-7} mol/L$

$+OH^-$→ 塩基を溶かす

塩基性の水溶液
[H^+] < [OH^-]

▲水溶液と[H^+]，[OH^-]の関係

3 pH(ピーエイチ) 重要

1 水素イオン濃度とpH 酸性・塩基性の強弱を簡単な数字で表したものとして，水素イオン濃度を使った**水素イオン指数pH**がある。水素イオン濃度とpHの関係は下のようになる。

→ピーエイチと読む。

$$[H^+] = 1.0 \times 10^{-9} \text{mol/L} \Rightarrow pH = 9$$

2 水溶液の液性とpH 純水の場合，$[H^+] = 1.0 \times 10^{-7}$ mol/Lであるので，pH = 7となる。したがって，pHと液性の関係は以下のようになる。

酸性；pH < 7　　中性；pH = 7　　塩基性；pH > 7

また下の図で示したように，酸性水溶液ではpHの値が小さくなるほど酸性が強くなり，塩基性水溶液ではpHの値が大きくなるほど塩基性が強くなる。

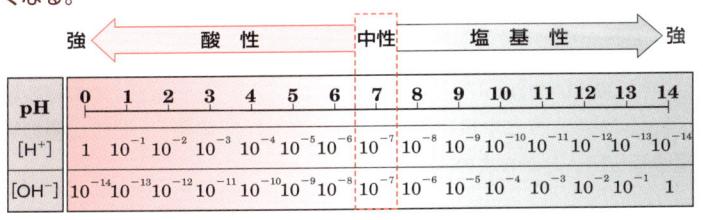

強 ← 酸 性　　中性　　塩 基 性 → 強

pH	0	1	2	3	4	5	6	7	8	9	10	11	12	13	14
$[H^+]$	1	10^{-1}	10^{-2}	10^{-3}	10^{-4}	10^{-5}	10^{-6}	10^{-7}	10^{-8}	10^{-9}	10^{-10}	10^{-11}	10^{-12}	10^{-13}	10^{-14}
$[OH^-]$	10^{-14}	10^{-13}	10^{-12}	10^{-11}	10^{-10}	10^{-9}	10^{-8}	10^{-7}	10^{-6}	10^{-5}	10^{-4}	10^{-3}	10^{-2}	10^{-1}	1

▲水溶液のpHと酸性・中性・塩基性の関係

3 指示薬 水溶液のpHに応じて色調が変わる色素を**指示薬**という。色調が変わるpHの範囲を**変色域**という。ほかにもpHメーターや，指示薬をしみこませたpH試験紙を使用すると，水溶液のpHを測定することができる。

指示薬＼pH	0	1	2	3	4	5	6	7	8	9	10	11	12
ブロモチモールブルー							黄		青				
メチルオレンジ			赤	黄									
メチルレッド					赤	黄							
リトマス					赤			青					
フェノールフタレイン									無	赤			

▲おもな指示薬の変色域

> **要点**
> **pH** ⇨ 水素イオンの濃度を用いて，酸・塩基の強弱を表した数。
> **酸性；pH<7，中性；pH=7，塩基性；pH>7**

20 中和反応と中和滴定

1 中和反応 重要

1│ 中和反応とは 水素イオンH^+と水酸化物イオンOH^-が反応して，水H_2Oを生成する反応を**中和反応**という。

例 $HCl + NaOH \longrightarrow H_2O + NaCl$

2│ 中和反応と酸・塩基の量 酸と塩基で中和反応が行われるとき，酸のH^+の物質量と塩基のOH^-の物質量が等しいときちょうど中和する。

> **要点** 酸と塩基がちょうど中和するとき，
> 　　**酸が放出するH^+の物質量＝塩基が放出するOH^-の物質量**

3│ 中和の公式 c〔mol/L〕のz価の酸v〔mL〕と，c'〔mol/L〕のz'価の塩基v'〔mL〕がちょうど中和したとき，放出されたH^+の量と，OH^-の量の物質量は等しいことから次の式が成り立つ。

> **要点 中和の公式** ⇨ $z \times c \times \dfrac{v}{1000}$〔mol〕$= z' \times c' \times \dfrac{v'}{1000}$〔mol〕
> $$zcv = z'c'v'$$
> (z, z'…酸・塩基の価数，c, c'…酸・塩基のモル濃度
> v, v'…中和に要した酸・塩基の体積〔mL〕)

例題研究 中和の量的関係

0.10 mol/Lの硫酸15 mLを中和するのに，0.30 mol/Lの水酸化ナトリウム水溶液何mLを必要とするか。

解 硫酸は2価の酸，水酸化ナトリウムは1価の塩基であることに着目し，求める体積をx〔mL〕として，中和の公式に代入すると，

$$\frac{2 \times 0.10 \,\text{mol/L} \times 15\,\text{mL}}{1000\,\text{mL/L}} = \frac{1 \times 0.30\,\text{mol/L} \times x\,\text{〔mL〕}}{1000\,\text{mL/L}}$$

∴ $x = 10\,\text{mL}$

答 10 mL

4 複数の酸と塩基の中和 数種類の酸と数種類の塩基とが混合して過不足なく中和した場合も、すべての酸が放出したH^+の物質量の総和と、すべての塩基が放出したOH^-の物質量の総和が等しい。

$$\frac{z_a c_a v_a}{1000} + \frac{z_b c_b v_b}{1000} + \cdots\cdots = \frac{z_x' \cdot c_x' \cdot v_x'}{1000} + \frac{z_y' \cdot c_y' \cdot v_y'}{1000} + \cdots\cdots$$

例題研究 | 混合酸の中和計算

0.20 mol/Lの硫酸 15 mLと 0.30 mol/Lの塩酸 10 mLの混合酸がある。この混合酸を中和するには、0.30 mol/Lのアンモニア水何mLを必要とするか。

解 中和に必要なアンモニア水の体積をx〔mL〕として、中和の公式に代入すると、

$$\frac{2 \times 0.20 \times 15}{1000} + \frac{1 \times 0.30 \times 10}{1000} = \frac{1 \times 0.30 \times x}{1000}$$

∴ $x = 30$ mL

答 30 mL

2 中和滴定

1 中和滴定とは 濃度や物質量がわかっている酸(塩基)の水溶液(これを標準水溶液という。)を使って、濃度のわからない塩基(酸)の濃度や物質量を決定する方法を**中和滴定**という。

重要実験 | 中和滴定

実験 ❶ 濃度未知の酢酸水溶液をホールピペットで10 mL取り、さらにフェノールフタレイン溶液を2～3滴加えて、コニカルビーカーに入れる。

❷ ❶にビュレットから0.10 mol/Lの水酸化ナトリウム水溶液を少しずつ滴下する。

❸ コニカルビーカーを振り混ぜても色が消えなくなったら滴下をやめ、それまでに滴下した水酸化ナトリウムの体積を読む。

結果と考察 滴下した水酸化ナトリウム水溶液の体積が12 mLのときの酢酸の濃度は、

$$1 \times x \times \frac{10}{1000} = 1 \times 0.10 \times \frac{12}{1000} \qquad x = 0.12 \text{ mol/L}$$

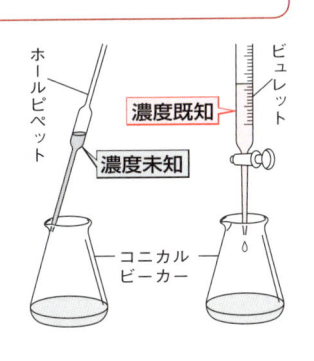

2 中和点の判定(酸に塩基を加える場合)

a) **フェノールフタレインを用いる場合**…フェノールフタレインは**pH = 8.0 〜 9.8**付近で**無色からうすい赤色**に変化する。
　↳pHが塩基性側に偏っている中和点を判定。

b) **メチルオレンジを用いる場合**…メチルオレンジは**pH = 3.1 〜 4.4**付近で**黄色から赤色**に変化する。
　　pHが酸性側に偏っている中和点を判定。

3 滴定曲線 重要

1 滴定曲線とは 酸(塩基)に塩基(酸)を滴下していった場合の混合溶液のpH変化を示すグラフを**滴定曲線**という。

2 pH飛躍 右図のように中和点付近ではグラフが垂直になる。この垂直な直線部分を**pH飛躍**という。中和点は**pH飛躍のほぼ中点**になる。強酸と強塩基の中和の場合、指示薬はメチルオレンジ、フェノールフタレインいずれも適する。
pH飛躍が酸性側から塩基性側にわたっているから。

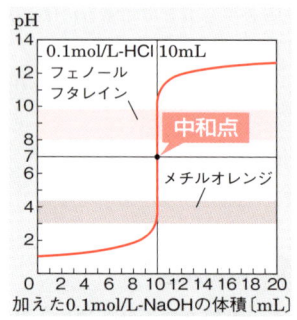

▲強酸と強塩基の滴定曲線

3 その他の組み合わせによる滴定曲線

a) **強酸と弱塩基の中和**…pH飛躍は酸性側に見られ、中和点のpHは7より小さい。適する指示薬はメチルオレンジ。(下図①)

b) **弱酸と強塩基の中和**…pH飛躍は塩基性側に見られ、中和点のpHは7より大きい。適する指示薬はフェノールフタレイン。(下図②)

c) **弱酸と弱塩基の中和**…下図のようにpH飛躍は存在しない。また、中和点のpHの値も電離度の差により決まる。(下図③)

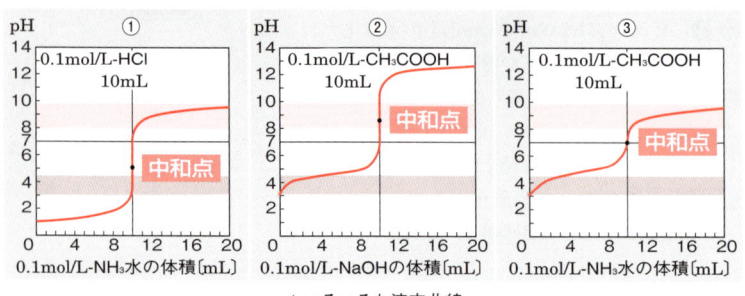

▲いろいろな滴定曲線

4章 酸と塩基の反応

21 塩の性質

1 塩の生成 重要

1 塩とは 酸と塩基が反応した結果において生成する水以外の物質を塩という。塩は次の反応のように，**塩基の陽イオンの部分と酸の陰イオンの部分がイオン結合したイオン性物質**である。

$$HCl + NaOH \longrightarrow H_2O + NaCl$$
　酸　　塩基　　　　水　　塩

ココに注目！
塩の分類と水溶液の性質は一致しないので注意する。

2 塩の種類

a) **正塩**…H^+ になりうる酸のHも，OH^- になりうる塩基のOHも残っていない塩。

　例　NaCl（塩化ナトリウム），
　　　CaSO₄（硫酸カルシウム）

b) **酸性塩**…H^+ になりうる酸のHが置換されずに残っている塩。

　例　NaHCO₃（炭酸水素ナトリウム），
　　　　　→酸性塩の名称は中間に「水素」を入れる。
　　　NaHSO₄（硫酸水素ナトリウム）

c) **塩基性塩**…OH^- になりうる塩基のOHが置換されずに残っている塩。

　例　MgCl(OH)（塩化水酸化マグネシウム）
　　　　　→塩基性塩の名称は中間に「水酸化」を入れる。
　　　CuCl(OH)（塩化水酸化銅(Ⅱ)）

要点

正塩………酸のHも塩基のOHも残っていない塩。
酸性塩……H^+ になりうる酸のHが残っている塩。
塩基性塩…OH^- になりうる塩基のOHが残っている塩。

例題研究 塩の分類

次の塩を，正塩・酸性塩・塩基性塩に分類せよ。
① Na₂CO₃　　② NaHCO₃　　③ CuCl(OH)
④ CH₃COONa

解 HやOHの有無で判断できる。ただし，④のH原子はH^+にはならないことに注意する。

答 正塩…①と④，酸性塩…②，塩基性塩…③

2 塩の加水分解 重要

1│ 塩の加水分解とは 塩を水に溶かしたとき,塩のイオンが水と反応して H^+ を生じ,水溶液が酸性を示すか,あるいは OH^- を生じ,水溶液が塩基性を示す現象を<u>塩の加水分解</u>という。

> **要点** 塩の加水分解 ⇨ 塩が水に溶けて,酸性または塩基性を示す現象。

2│ 正塩の水溶液の性質 正塩の水溶液の性質は,塩を構成しているもとの酸・塩基の強弱によって決まる。

a) **強酸と強塩基の塩**…加水分解せず,中性を示す。

　例　$HCl + NaOH \longrightarrow H_2O + NaCl$
　　　←強酸　←強塩基　　　　　　←中性を示す。

b) **強酸と弱塩基の塩**…加水分解して,酸性を示す。

　例　$HCl + NH_3 \longrightarrow NH_4Cl$
　　　　　　←弱塩基　　　←酸性を示す。

c) **弱酸と強塩基**…加水分解して,塩基性を示す。

　例　$CH_3COOH + NaOH \longrightarrow H_2O + CH_3COONa$
　　　←弱酸　　　　　　　　　　　　　　　←塩基性を示す。

> **要点**
> ① 強酸＋強塩基の塩……加水分解せず,**中性**を示す。
> ② 強酸＋弱塩基の塩……加水分解して,**酸性**を示す。
> ③ 弱酸＋強塩基の塩……加水分解して,**塩基性**を示す。

3│ 酸性塩の水溶液の性質 酸性塩の水溶液の性質は,<u>塩を構成している酸が強酸であれば酸性に,弱酸であれば塩基性を示す</u>(ただし,塩を構成している塩基が強塩基の場合)。なお,塩基性塩はほとんど水にとけないので,
　　　　　　　　　　　　　　　←弱塩基のときは電離度による。
加水分解については考えない。

例題研究 塩の水溶液の性質

次の塩の水溶液の性質を答えよ。
① Na_2CO_3 　② $NaHCO_3$ 　③ KCl 　④ $NaHSO_4$

解 ①,③は正塩,②,④は構成している塩基が強塩基である酸性塩である。①は弱酸＋強塩基の塩,③は強酸＋強塩基の塩,②は塩を構成している酸が弱酸,④は塩を構成している酸が強酸であることから判断する。

答 ①塩基性,②塩基性,③中性,④酸性

要点チェック

↓答えられたらマーク　　　　　　　　　　　　　　　　　わからなければ⤵

- **1** 水素イオンの授受によって，酸・塩基を定義したのは誰か？　　p.56
- **2** 水溶液中で生じた水素イオンはどのような形で存在するか？　　p.56
- **3** 電子対の移動によって，酸・塩基を定義したのは誰か？　　p.56
- **4** 電解質水溶液中の溶けている電解質全体の物質量に対して，電離している電解質の物質の割合を示したものを何というか？　　p.57
- **5** 4の値がほぼ1に近い酸を何というか？　　p.57
- **6** 4の値がかなり小さい塩基を何というか？　　p.57
- **7** [H^+]とは水素イオンH^+の何を表しているか？　　p.58
- **8** [H^+]と[OH^-]の積を何というか？　　p.58
- **9** 中性の水溶液において[H^+]はどのような値を示すか？　　p.58
- **10** 水素イオン濃度[H^+]を10^{-n}〔mol/L〕と表したときのnの値に相当する，水溶液の液性を示すのに用いられるものは何か？　　p.59
- **11** 水溶液のpHに応じて，色調が変わる色素を何というか？　　p.59
- **12** 水素イオンH^+と水酸化物イオンOH^-が反応して，水を生じる反応を何というか？　　p.60
- **13** 12の反応が完結するには水素イオンH^+と水酸化物イオンOH^-の間にどのような量的関係が必要であるか？　　p.60
- **14** 濃度や物質量がわかっている酸(塩基)の水溶液を使って，濃度のわからない塩基(酸)の濃度や物質量を決定する方法を何というか？　　p.61
- **15** 14における混合溶液のpH変化を示すグラフを何というか？　　p.62
- **16** 15のグラフにおいて現れる垂直な直線部分を何というか？　　p.62
- **17** 酸・塩基の反応で生成する，水以外の物質を何というか？　　p.63
- **18** 17のうち塩基のOHが残っているものを何というか？　　p.63
- **19** 17を水に溶かしたとき，イオンが水と反応して，水溶液が酸性または塩基性を示す現象を何というか？　　p.64

答

1 ブレンステッド，**2** オキソニウムイオン(H_3O^+)，**3** ルイス，**4** 電離度，**5** 強酸，**6** 弱塩基，
7 モル濃度，**8** 水のイオン積，**9** $1.0×10^{-7}$ mol/L，**10** pH(ピーエイチ)，**11** 指示薬，
12 中和反応，**13** 等しい，**14** 中和滴定，**15** 滴定曲線，**16** pH飛躍，**17** 塩，**18** 塩基性塩，
19 塩の加水分解

4章 練習問題

解答→p.90

1 次の①〜⑧の物質について、以下の問いに答えよ。
① アンモニア ② 塩化水素 ③ 水酸化カリウム ④ リン酸
⑤ 水酸化銅(Ⅱ) ⑥ 硝酸 ⑦ 酢酸 ⑧ 水酸化ナトリウム

(1) ①〜⑧の化学式を書け。
(2) ①〜⑧のなかから、強酸をすべて選び、番号で答えよ。
(3) ①〜⑧のなかから、1価の塩基をすべて選び、番号で答えよ。

2 次の各問いに答えよ。原子量；H = 1.0, O = 16, Na = 23
(1) 0.10 mol/Lの塩酸を純水で100倍にうすめた水溶液のpHを求めよ。
(2) 水酸化ナトリウム0.40 gを溶かして、100 mLにした水溶液のpHを求めよ。
(3) 標準状態で0.56 Lのアンモニアを溶かし250 mLとした水溶液の水素イオン濃度を求めよ。ただし、アンモニアの電離度を0.010とする。
(4) 0.40 mol/Lの塩酸200 mLと0.10 mol/Lの水酸化ナトリウム水溶液300 mLとを混ぜて、500 mLとした混合溶液のpHはいくらか。

3 次のpHに関する記述のうち、正しいものを1つ選べ。
ア pH4の水溶液を1万倍にうすめたとき、pHは8になる。
イ 2価の酸の水溶液のpHは、同じモル濃度の1価の酸の水溶液のpHより常に小さい。
ウ pH12の水酸化ナトリウム水溶液を10倍にうすめたとき、pHは11になる。

4 次の酸と塩基が完全に中和反応するときの化学反応式を書け。
(1) 塩酸と水酸化カルシウム (2) 硫酸と水酸化ナトリウム
(3) 硝酸とアンモニア (4) リン酸と水酸化バリウム

HINT **2** $[H^+] = 1.0 \times 10^{-a}$ ⇨ $pH = a$
3 純水中では、水が電離して$[H^+] = 1.0 \times 10^{-7}$ mol/Lの水素イオンが存在する。

5 次の各問いに答えよ。原子量：H = 1.0，O = 16，Na = 23
(1) 4.0 g の水酸化ナトリウムを中和させるには，0.10 mol/L の硫酸は何 mL 必要か。
(2) 0.050 mol/L の硫酸10 mL を中和するのに水酸化ナトリウム水溶液が20 mL 必要であった。水酸化ナトリウム水溶液のモル濃度を求めよ。
(3) 2価の塩基 **A** を1.8 g とり，0.20 mol/L の塩酸300 mL に溶かした。この溶液を0.10 mol/L の水酸化ナトリウム水溶液で中和滴定したところ，120 mL を要した。このときの **A** の式量を求めよ。

6 中和滴定で食酢中に含まれる酢酸の濃度を決定するために，次の実験を行った。あとの問いに答えよ。原子量：H = 1.0，C = 12，O = 16
〔実験〕0.0500 mol/L のシュウ酸標準溶液①100 mL を調製した。このシュウ酸標準溶液②20.0 mL を（　　　）を指示薬として，濃度未知の水酸化ナトリウム水溶液で滴定したところ③23.1 mL を要した。次に，食酢を10倍にうすめた溶液20.0 mL を，この水酸化ナトリウム水溶液を用いて同様に滴定したところ15.7 mL を要した。
(1) ①～③の下線部の溶液を調製したりはかったりするのに最も適切な器具を選べ。
　ア　ホールピペット　　イ　メスフラスコ　　ウ　ビュレット
(2) （　　）内にあてはまる指示薬名を書け。
(3) この水酸化ナトリウム水溶液のモル濃度を求めよ。
(4) 食酢の密度を1.00 g/mL とし，この食酢中に含まれる酸がすべて酢酸 CH_3COOH であるとして，その質量パーセント濃度を求めよ。

7 次の①～⑧の塩の化学式について，あとの問いに答えよ。
① $NaHSO_4$　② KNO_3　③ NH_4Cl　④ $CaCl(OH)$
⑤ CH_3COONa　⑥ $NaCl$　⑦ $NaHCO_3$　⑧ $MgCl(OH)$
(1) 正塩をすべて選び，番号と名称を答えよ。
(2) 水溶液が酸性であるものをすべて選び，番号で答えよ。

HINT　**5** (3) 塩基 **A** の式量を x とおいて計算する。
　　　　　6 (3) 酸，塩基の価数に注意して，中和の公式を使って求める。

22 酸化と還元

1 酸化・還元の定義 【重要】

1 酸素の授受と酸化・還元 物質が酸素と化合したとき,その物質は酸化されたといい,その変化を酸化という。また,酸化物が酸素を失ったとき,その物質は還元されたといい,その変化を還元という。

$$2Cu + O_2 \longrightarrow 2CuO \qquad CuO + H_2 \longrightarrow Cu + H_2O$$

酸化された(酸素と化合)　　　　還元された(酸素を失う)

2 水素の授受と酸化・還元 物質が水素を失う変化を酸化,逆にある物質が水素と化合する変化を還元という。

酸化された(水素を失う)
$$2H_2S + O_2 \longrightarrow 2S + 2H_2O$$
還元された(水素と化合)

3 電子の授受と酸化・還元 原子が電子を失う変化を酸化といい,原子が電子を得る変化を還元という。

$$Mg \longrightarrow Mg^{2+} + 2e^- \qquad Cl + 2e^- \longrightarrow 2Cl^-$$

酸化された　　　　　　　　還元された
(電子を失う)　　　　　　　(電子を得る)

要点

酸化される	還元される
酸素と化合。	酸素を失う。
水素を失う。	水素と化合。
電子を失う。	電子を得る。

---

4 酸化還元反応

a) 酸化は電子を失う反応,還元は電子を得る反応であるため,酸化と還元は同時に起こる。これをまとめて,酸化還元反応という。

b) 化合物内のある原子が酸化もしくは還元されたときに,その化合物自身が酸化あるいは還元されたという。

2 酸化数 【重要】

1 酸化数とは 単体または化合物中の原子が,どの程度酸化または還元されているかを示す数を酸化数という。

2 | 酸化数の決め方

a) 単体中の原子の酸化数は 0 (ゼロ) とする。　例　H_2, Cl_2, Fe

b) イオンにおいては，酸化数はイオンの価数に等しい。
　例　$Mg^{2+}\cdots+2$, $Al^{3+}\cdots+3$, $SO_4^{2-}\cdots-2$
　→イオンの価数は +, 2+ だが，酸化数は +1，+2 と表す。

c) 化合物中の水素原子の酸化数は **+1**，酸素原子の酸化数は **-2** とし，他の原子の酸化数を決める。

ココに注目！
例外で，過酸化水素 H_2O_2 中の酸素原子の酸化数は -1 である。

d) 化合物中の各原子の酸化数の総和は **0** である。
　例　NH_3 …… $N+(+1)\times 3=0$　　$N=-3$
　　　CO_2 …… $C+(-2)\times 2=0$　　$C=+4$

e) 2種類以上の原子からなるイオンの各原子の酸化数の総和は，そのイオンの価数に等しい。
　例　SO_4^{2-} …… $S+(-2)\times 4=-2$　　$S=+6$
　　　（等しい）
　　　NO_3^- …… $N+(-2)\times 3=-1$　　$N=+5$
　　　（等しい）

f) 化合物中のアルカリ金属の酸化数は +1，アルカリ土類金属の酸化数は +2 で一定である。
→価数とちがい，"1" もきちんと表記する。

3 | 酸化数の変化と酸化還元反応

酸化数はイオンの価数と等しいので，酸化数が増加すると電子数が減少する。したがって，**酸化数が増加すると酸化されたと判断でき，酸化数が減少すると還元されたと判断できる**。なお，酸化数の増減した原子がない場合，その反応は酸化還元反応ではない。

> **要点**
> - 物質中のある原子の**酸化数が増加**する変化 ⇨ **酸化**
> - 物質中のある原子の**酸化数が減少**する変化 ⇨ **還元**

例題研究　酸化還元反応

次のア～エの反応のうち，酸化還元反応はどれか。
ア　$Na_2CO_3+2HCl \longrightarrow 2NaCl+H_2O+CO_2$
イ　$2KI+Cl_2 \longrightarrow 2KCl+I_2$
ウ　$BaCl_2+H_2SO_4 \longrightarrow BaSO_4+2HCl$
エ　$3Cu+8HNO_3 \longrightarrow 3Cu(NO_3)_2+4H_2O+2NO$

解　それぞれの酸化数の変化を調べる。ア…なし，イ…I；$-1 \to 0$，Cl；$0 \to -1$，ウ…なし，エ…Cu；$0 \to +2$，N；$+5 \to +2$

答　イとエ

23 酸化剤と還元剤

1 酸化剤・還元剤とそのはたらき 重要

1 酸化剤と還元剤

a) **酸化剤** 相手の物質から電子を奪って，その物質を酸化するはたらきのある物質。酸化剤はそれ自身が還元されやすい。

b) **還元剤** 相手の物質に電子を与えて，その物質を還元するはたらきのある物質。還元剤はそれ自身が酸化されやすい。

2 酸化剤と還元剤のはたらき

a) **酸化剤のはたらき** 周囲に電子を提供してくれる物質（還元剤）が存在すると，その物質から電子を受け入れて**相手物質を酸化する**。

$$Cl_2 + 2e^- \longrightarrow 2Cl^- \quad (Cl_2が酸化剤)$$

（←相手物質（還元剤）から受け入れる。／還元された）

b) **還元剤のはたらき** 周囲に電子を受け入れてくれる物質（酸化剤）が存在すると，その物質に電子を提供して**相手物質を還元する**。

$$H_2 \longrightarrow 2H^+ + 2e^- \quad (H_2が還元剤)$$

（←相手物質（酸化剤）に提供する。／酸化された）

> **要点**
> 酸化剤…相手物質を酸化。**自分自身は還元される。**
> 還元剤…相手物質を還元。**自分自身は酸化される。**

例題研究 酸化剤と還元剤

次の反応において，酸化剤と還元剤をそれぞれ化学式で示せ。

(1) $SO_2 + Cl_2 + 2H_2O \longrightarrow H_2SO_4 + 2HCl$

(2) $2FeSO_4 + H_2O_2 + H_2SO_4 \longrightarrow Fe_2(SO_4)_3 + 2H_2O$

解 (1) 反応式中の各原子の酸化数は，次のようになっている。

$$\underset{+4\,-2}{SO_2} + \underset{0}{Cl_2} + \underset{+1\,-2}{2H_2O} \longrightarrow \underset{+1\,+6\,-2}{H_2SO_4} + \underset{+1\,-1}{2HCl}$$

これより，Clの酸化数が減少している（還元されている）ので，Cl_2 は酸化剤であり，Sの酸化数が増加している（酸化している）ので，SO_2 は還元剤である。

(2) (1)と同様に考える。Oの酸化数が減少している（$-1 \to -2$）ので，H_2O_2 は酸化剤であり，Feの酸化数が増加している（$+2 \to +3$）ので，$FeSO_4$ は還元剤。

答 (1)酸化剤…Cl_2，還元剤…SO_2 (2)酸化剤…H_2O_2，還元剤…$FeSO_4$

3 酸化剤・還元剤のはたらきを示す式　酸化剤・還元剤のはたらきを示す式を**半反応式**という。以下に具体的な例を示す。

→半反応式の両辺において原子数や電荷は等しい。

▼おもな酸化剤・還元剤とそのはたらき

酸化剤	二酸化硫黄　SO_2	$SO_2 + 4H^+ + 4e^- \longrightarrow S + 2H_2O$	[S ; +4 → 0]
	過酸化水素　H_2O_2	$H_2O_2 + 2H^+ + 2e^- \longrightarrow 2H_2O$	[O ; −1 → −2]
	塩素　Cl_2	$Cl_2 + 2e^- \longrightarrow 2Cl^-$	[Cl ; 0 → −1]
	希硝酸　HNO_3	$HNO_3 + 3H^+ + 3e^- \longrightarrow NO + 2H_2O$	[N ; +5 → +2]
	濃硝酸　HNO_3	$HNO_3 + H^+ + e^- \longrightarrow NO_2 + H_2O$	[N ; +5 → +4]
	熱濃硫酸　H_2SO_4	$H_2SO_4 + 2H^+ + 2e^- \longrightarrow SO_2 + 2H_2O$	[S ; +6 → +4]
	過マンガン酸カリウム　$KMnO_4$	$MnO_4^- + 8H^+ + 5e^- \longrightarrow Mn^{2+} + 4H_2O$（硫酸酸性） $MnO_4^- + 2H_2O + 3e^- \longrightarrow MnO_2 + 4OH^-$（中性・塩基性）	[Mn ; +7 → +2] [Mn ; +7 → +4]
	二クロム酸カリウム　$K_2Cr_2O_7$（硫酸酸性）	$Cr_2O_7^{2-} + 14H^+ + 6e^- \longrightarrow 2Cr^{3+} + 7H_2O$	[Cr ; +6 → +3]
還元剤	水素　H_2	$H_2 \longrightarrow 2H^+ + 2e^-$	[H ; 0 → +1]
	ナトリウム　Na	$Na \longrightarrow Na^+ + e^-$	[Na ; 0 → +1]
	過酸化水素　H_2O_2	$H_2O_2 \longrightarrow O_2 + 2H^+ + 2e^-$	[O ; −1 → 0]
	硫化水素　H_2S	$H_2S \longrightarrow S + 2H^+ + 2e^-$	[S ; −2 → 0]
	二酸化硫黄　SO_2	$SO_2 + 2H_2O \longrightarrow SO_4^{2-} + 4H^+ + 2e^-$	[S ; +4 → +6]
	硫酸鉄(II)　$FeSO_4$	$Fe^{2+} \longrightarrow Fe^{3+} + e^-$	[Fe ; +2 → +3]
	シュウ酸　$H_2C_2O_4$	$H_2C_2O_4 \longrightarrow 2CO_2 + 2H^+ + 2e^-$	[C ; +3 → +4]

4 半反応式の書き方　例として過マンガン酸カリウムが酸化剤として反応したときの半反応式を示す。

a) 両辺の反応に酸化剤の変化を書く。$MnO_4^- \longrightarrow Mn^{2+}$

b) Mnの酸化数の減少（+7 → +2）に応じて，$5e^-$を左辺に加える。
$MnO_4^- + 5e^- \longrightarrow Mn^{2+}$

c) 両辺のO原子をH_2Oを用いてそろえる。$MnO_4^- + 5e^- \longrightarrow Mn^{2+} + 4H_2O$

d) 両辺のH原子をH^+を用いてそろえる。
$MnO_4^- + 8H^+ + 5e^- \longrightarrow Mn^{2+} + 4H_2O$

5 酸化剤にも還元剤にもなる物質 通常酸化剤としてはたらく物質でも、相手物質の酸化力がそれよりも強い場合には還元剤としてはたらく。また、通常還元剤としてはたらく物質でも、相手物質の還元力が強い場合には酸化剤としてはたらく。

ココに注目!
過酸化水素水や二酸化硫黄が代表的である。

例 過酸化水素水H_2O_2と過マンガン酸カリウム水溶液$KMnO_4$の反応においては、H_2O_2は還元剤としてはたらいている。 →硫酸酸性水溶液

酸化される(還元剤)
$$2MnO_4^- + 5H_2O_2 + 6H^+ \longrightarrow 2Mn^{2+} + 5O_2 + 8H_2O$$
還元される(酸化剤)

一方、硫酸鉄(Ⅱ)水溶液においては、H_2O_2は酸化剤としてはたらく。

酸化される(還元剤)
$$2FeSO_4 + H_2O_2 + H_2SO_4 \longrightarrow Fe_2(SO_4)_3 + 2H_2O$$
還元される(酸化剤)

2 酸化剤・還元剤の反応

酸化還元反応では、酸化剤・還元剤の間で授受される電子の数は等しい。したがって、反応式をつくるときは、反応式の電子の数に注目してつくる。

例 硫化水素と二酸化硫黄の酸化還元反応。それぞれの半反応式は前ページの表より以下のようになる(二酸化硫黄は酸化剤としてはたらく)

$$\begin{cases} SO_2 + 4H^+ + 4e^- \longrightarrow S + 2H_2O \text{(酸化剤)} & \cdots\cdots① \\ H_2S \longrightarrow 2H^+ + S + 2e^- \text{(還元剤)} & \cdots\cdots② \end{cases}$$

電子の数を等しくするために②式を2倍して、さらに両辺を加えて電子を消去すると、

$$SO_2 + 4H^+ + 2H_2S \longrightarrow S + 2H_2O + 4H^+ + 2S$$

この式を整理すると、求める反応式となる。

$$2H_2S + SO_2 \longrightarrow 3S + 2H_2O$$

例題研究 酸化還元反応式のつくり方

硫酸酸性の二クロム酸カリウム水溶液と硫酸鉄(Ⅱ)水溶液との酸化還元反応式を、下記のイオン反応式を用いて表せ。

$$Cr_2O_7^{2-} + 14H^+ + 6e^- \longrightarrow 2Cr^{3+} + 7H_2O \quad \cdots\cdots①$$
$$Fe^{2+} \longrightarrow Fe^{3+} + e^- \quad \cdots\cdots②$$

解 上の①式と②式からe^-を消去する。①+②×6 をつくると,

$Cr_2O_7^{2-} + 14H^+ + 6e^- \longrightarrow 2Cr^{3+} + 7H_2O$
+) $\underline{\qquad\qquad\qquad 6Fe^{2+} \longrightarrow 6Fe^{3+} + 6e^-}$
$Cr_2O_7^{2-} + 14H^+ + 6e^- + 6Fe^{2+} \longrightarrow 2Cr^{3+} + 7H_2O + 6Fe^{3+} + 6e^-$

これを整理すると,

$Cr_2O_7^{2-} + 14H^+ + 6Fe^{2+} \longrightarrow 2Cr^{3+} + 7H_2O + 6Fe^{3+}$

陽イオンの相手にSO_4^{2-}, 陰イオンの相手にK^+をつけると,
　　　　↳全部で13個　　　　　　　　↳全部で2個

$K_2Cr_2O_7 + 7H_2SO_4 + 6FeSO_4$
　　　$\longrightarrow Cr_2(SO_4)_3 + 7H_2O + 3Fe_2(SO_4)_3 + K_2SO_4$ ……**答**

要点チェック

↓答えられたらマーク　　　　　　　　　　　　　　　　　　わからなければ ⇒

- **1** 物質が酸素を失う変化は, 酸化・還元のどちらか？　　p.68
- **2** 物質が水素を失う変化は, 酸化・還元のどちらか？　　p.68
- **3** 原子が電子を得る変化は, 酸化・還元のどちらか？　　p.68
- **4** 単体中の原子の酸化数はいくつか？　　p.69
- **5** 化合物中の水素原子はどのような酸化数をとるか？　　p.69
- **6** 化合物中のカルシウム原子はどのような酸化数をとるか？　　p.69
- **7** 物質中のある原子の酸化数が増加する変化を何というか？　　p.69
- **8** 相手の物質から電子を奪って, その物質を酸化させるはたらきのある物質を何というか？　　p.70
- **9** 相手の物質に電子を与えて, その物質を還元させるはたらきのある物質を何というか？　　p.70
- **10** シュウ酸はおもに酸化剤・還元剤のどちらの作用を示すか？　　p.71
- **11** 塩素はおもに酸化剤・還元剤のどちらの作用を示すか？　　p.71
- **12** 過酸化水素水は過マンガン酸カリウム水溶液との酸化還元反応において, 酸化剤・還元剤のどちらの作用を示すか？　　p.72

答

1 還元, **2** 酸化, **3** 還元, **4** 0, **5** +1, **6** +2, **7** 酸化, **8** 酸化剤, **9** 還元剤,
10 還元剤, **11** 酸化剤, **12** 還元剤

5章 練習問題

解答→p.91

1 次の文を読み,以下の問いに答えよ。

酸化・還元は酸素原子や水素原子のやりとりだけでなく,広く電子の授受という立場で定義することができる。原子やイオンが電子を失って酸化数が①(　　)すれば,その原子やイオンは②(　　)されたといい,逆に電子を受け取って酸化数が③(　　)すれば,④(　　)されたという。たとえば,<u>酸化マンガン(Ⅳ)と塩酸との反応</u>では,マンガンは⑤(　　)されて,その酸化数は⑥(　　)から⑦(　　)に変化する。また,<u>臭化カリウム水溶液に塩素ガスを通じるとき</u>,水溶液中の臭化物イオンは⑧(　　)され,その酸化数は⑨(　　)から⑩(　　)に変化する。

(1) 下線部 **a** と **b** の反応を化学反応式で示せ。
(2) ①〜⑩の空欄に最も適するものを下のア〜サから選び,記号で答えよ。ただし,同じものを繰り返し用いてもよい。

ア 酸化　イ 還元　ウ 増加　エ 減少　オ 0　カ +1
キ −1　ク +2　ケ −2　コ +4　サ −4

2 次の化合物・イオンについて,下線部の原子の酸化数を求めよ。

① $\underline{H}_2$　② $Mn\underline{O}_2$　③ $\underline{Mn}O_4^-$　④ $H_2\underline{S}O_4$　⑤ $\underline{N}O_3^-$
⑥ $\underline{N}H_4^+$　⑦ $K_2\underline{Cr}_2O_7$　⑧ $H_2\underline{O}_2$　⑨ $Na\underline{H}$

3 次の化学反応式において,下線部の物質が酸化剤であるときはO,還元剤であるときはR,いずれでもないときはNを記せ。

① $\underline{K_2Cr_2O_7} + 2KOH \longrightarrow 2K_2CrO_4 + H_2O$
② $3\underline{Cu} + 8HNO_3 \longrightarrow 3Cu(NO_3)_2 + 4H_2O + 2NO$
③ $\underline{Cl_2} + Na_2SO_3 + H_2O \longrightarrow 2HCl + Na_2SO_4$

HINT
2 化合物中の酸化数の総和は0になる。
3 酸化剤;自身は還元される,還元剤;自身は酸化される。

4 以下の化学反応式について，あとの問いに答えよ。

Zn + H$_2$S̲O$_4$ ⟶ ZnSO$_4$ + H$_2$ ……………………………………①
3Cu + 8HN̲O$_3$ ⟶ 3Cu(NO$_3$)$_2$ + 4H$_2$O + 2NO ………………②
N̲H$_4$Cl + NaOH ⟶ NaCl + H$_2$O + NH$_3$ ………………………③
2F̲eCl$_2$ + Cl$_2$ ⟶ 2FeCl$_3$ ………………………………………………④

(1) 酸化還元反応でないものはどれか。すべて選べ。
(2) 酸化還元反応であるものについて，それぞれ酸化剤を物質名で書け。
(3) ①～④の下線部の原子の酸化数が最も大きいものはどれか。反応式の番号で答えよ。

5 次の文を読み，以下の問いに答えよ。

過マンガン酸カリウム水溶液は酸性溶液では，相手の物質から電子を奪う酸化剤としてはたらき，その反応は次のようになる。

MnO$_4^-$ + 8H$^+$ + 5e$^-$ ⟶ Mn^{2+} + 4H$_2$O ……………………①

これに対し，シュウ酸は還元剤としてはたらき，その反応式は次のようになる。

(COOH)$_2$ ⟶ 2CO$_2$ + 2H$^+$ + 2e$^-$ ………………………………②

0.050 mol/Lのシュウ酸水溶液10 mLをコニカルビーカーにとり，9 mol/L硫酸5 mLを加えて60℃まであたためてから，濃度のわからないKMnO$_4$溶液で滴定したところ，9.80 mL必要であった。

(1) 硫酸酸性下での過マンガン酸カリウム水溶液とシュウ酸のイオン反応式を書け。
(2) (1)の反応の化学反応式を書け。
(3) 下線部より，過マンガン酸カリウムのモル濃度を求めよ。
(4) この後に濃度未知の過酸化水素水10 mLと上記の過マンガン酸カリウム水溶液で滴定を行ったところ7.2 mLを要した。このときの過酸化水素水の濃度を求めよ。なお，過酸化水素水の還元剤としての反応式は，

H$_2$O$_2$ ⟶ O$_2$ + 2H$^+$ + 2e$^-$

である。

HINT **5** (1) 酸化剤および還元剤としての反応式からe$^-$を消去する。

24 金属の反応性

1 金属のイオン化傾向 【重要】

1│ イオン化傾向 金属が水溶液中で陽イオンになろうとする性質。

2│ イオン化傾向の大小 右図のように，銀イオンを含む水溶液に銅線をつけると，

$$\begin{cases} Cu \longrightarrow Cu^{2+} + 2e^- \\ 2Ag^+ + 2e^- \longrightarrow 2Ag \end{cases}$$

のような変化が起こり，銅線の表面に銀が析出する。これを，銅は銀よりも**イオン化傾向が大きい**という。

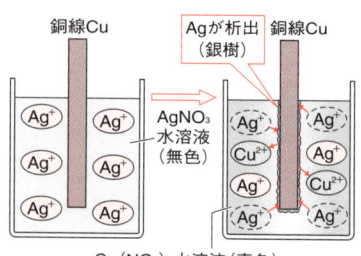

▲金属のイオン化傾向の大小

> **要点** イオン化傾向の大小が，金属A<金属Bのとき，
> $$A^+ + B \longrightarrow A + B^+$$

3│ 金属のイオン化列 おもな金属について，そのイオン化傾向の大きい順に並べると次のようになる。これを**金属のイオン化列**という。

Li K Ca Na Mg Al Zn Fe Ni Sn Pb (H) Cu Hg Ag Pt Au
(大) ←――――――――― 金属のイオン化傾向 ―――――――――→ (小)

イオン化列の覚え方として，「リチウムと金借りるな(Li，K，Ca，Na)。間借りあてに(Mg，Al，Zn，Fe，Ni)すんな(Sn，Pb)。ひどすぎる(H_2，Cu，Hg，Ag)借金(Pt，Au)」がある。

2 イオン化傾向と金属の反応性

1│ 金属の空気中における酸化

a) イオン化傾向の大きいLi，K，Ca，Naは，乾いた空気中でも速やかに内部まで酸化される。

b) イオン化列でMg～Hgまでの金属は，空気中に放置すると表面が徐々に酸化されて酸化被膜を生じる。

c) イオン化傾向の小さいAg，Pt，Auなどは，空気中では加熱しても酸化されず，いつまでも美しい金属光沢を保つ。

2 | 金属と水の反応

a) Li, K, Ca, Na は常温で水と激しく反応して水素を発生する。

$$2Na + 2H_2O \longrightarrow 2NaOH + H_2$$

b) Mg は常温の水とほとんど反応しないが,沸騰水とは徐々に反応する。

$$Mg + 2H_2O \longrightarrow Mg(OH)_2 + H_2$$

c) Al, Zn, Fe は,赤熱した状態で水と反応する。

$$2Al + 3H_2O \longrightarrow Al_2O_3 + 3H_2$$

3 | 金属と酸の反応

a) 水素よりイオン化傾向の大きい Zn や Fe などは,冷水とは反応しないが,**希塩酸や希硫酸と反応して水素を発生する**。

$$Zn + 2HCl \longrightarrow ZnCl_2 + H_2 \qquad Fe + H_2SO_4 \longrightarrow FeSO_4 + H_2$$

b) 水素よりもイオン化傾向の小さい Cu や Ag などは,希塩酸や希硫酸などには溶けないが,**硝酸や熱濃硫酸のような酸化力の強い酸には溶ける**。

$$Cu + 4HNO_3 \longrightarrow Cu(NO_3)_2 + 2NO_2 + 2H_2O \quad (濃硝酸)$$

$$3Cu + 8HNO_3 \longrightarrow 3Cu(NO_3)_2 + 2NO + 4H_2O \quad (希硝酸)$$

$$Cu + 2H_2SO_4 \longrightarrow CuSO_4 + SO_2 + 2H_2O \quad (熱濃硫酸)$$

ただし,Al, Fe, Ni は**不動態**をつくるので,濃硝酸に溶けない。
→表面に酸化物の被膜をつくり,酸化が内部まで進行しない状態。

c) Au や Pt はイオン化傾向が小さく安定で,硝酸や熱濃硫酸にも溶けない。濃硝酸と濃塩酸を体積比で 1:3 の割合で混合した**王水**と呼ばれる酸化力の非常に強い溶液にのみ溶ける。

▼金属のイオン化列と反応性

イオン化列	Li K Ca Na	Mg Al Zn Fe Ni Sn Pb	(H_2) Cu Hg Ag	Pt Au
水との反応	常温で反応	高温で反応	反応しない	
酸との反応	塩酸,希硫酸と反応して水素を発生する		酸化力の強い酸と反応する	王水のみ反応
空気中での反応	反応する	表面だけで反応する		反応しない
金属の製錬	融解塩電解で還元される	C, CO などで還元される		加熱のみで還元される

> **要点**　〔金属のイオン列と反応性〕
> イオン化傾向の**大きい金属** ⇨ **化学反応性**に富む。

25 電 池

1 電池の原理 重要

1｜電池とは 化学エネルギーを電気エネルギーに変えて電流を取り出す装置のことを**電池**という。

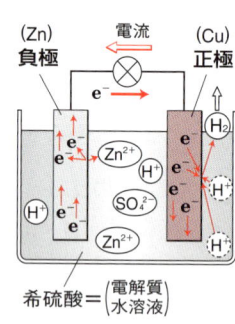

2｜電池の原理

　a) **構造** イオン化傾向の異なる2種の金属を電解質水溶液に浸したもの。イオン化傾向の大きいほうの金属を**負極**，小さいほうの金属を**正極**という。

　b) **反応** **負極**では金属がイオン化して**電子を放出し**，**正極**ではこの**電子を受け取る**反応が起こる。

3｜電池の起電力 電池の両極間に生じる電圧を**起電力**という。

4｜電池の分極 極板に水素が発生したような場合，起電力がおとろえる。この現象を電池の**分極**という。分極が起こるのは，極板での電子のやりとりが妨げられたり，$H_2 \longrightarrow 2H^+ + 2e^-$ という逆反応が起こって電子が逆向きに流れようとしたりするからである。

▲電池の原理

2 ダニエル電池

1｜構造 銅板を浸した硫酸銅(Ⅱ)水溶液に，亜鉛板を浸した硫酸亜鉛水溶液を入れた素焼きの容器が入っている。
→溶液が混ざるのを防ぐため。

$(-)Zn\ |\ ZnSO_4aq\ \|\ CuSO_4aq\ |\ Cu(+)$
　　負極←　　　←電解液→　　　→正極

2｜電池内の反応 水素が発生しないので，分極は起こらず長時間使える。

$$\begin{cases} 負極；Zn \longrightarrow Zn^{2+} + 2e^- \\ 正極；Cu^{2+} + 2e^- \longrightarrow Cu \end{cases}$$

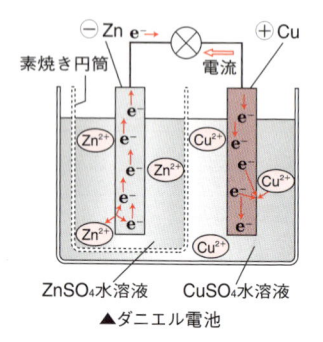

▲ダニエル電池

要点 ダニエル電池
$$\begin{cases} 負極；Zn \longrightarrow Zn^{2+} + 2e^- \\ 正極；Cu^{2+} + 2e^- \longrightarrow Cu \end{cases}$$

3 マンガン乾電池

1 マンガン乾電池の構造
$(-)Zn \mid ZnCl_2aq, NH_4Claq \mid MnO_2 \cdot C(+)$
↳このような式を電池式という。

2 マンガン乾電池内での反応
負極ではZnが溶けて生じたZn^{2+}イオンがNH_4^+と反応して、$[Zn(NH_3)_4]^{2+}$を生じる。同時に生じた電子や
↳テトラアンミン亜鉛(Ⅱ)イオン
H^+イオンは正極でMnO_2と反応する。

3 マンガン乾電池の起電力
マンガン乾電池の起電力は約1.5Vである。

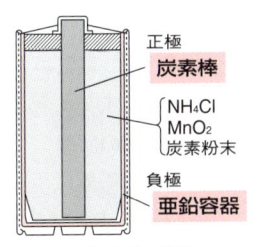

▲乾電池の構造
（正極：炭素棒／NH_4Cl, MnO_2, 炭素粉末／負極：亜鉛容器）

4 鉛蓄電池 重要

1 鉛蓄電池の構造
$(-)Pb \mid H_2SO_4aq \mid PbO_2(+)$
↳鉛　　　　　　　　↳酸化鉛(Ⅳ)

2 鉛蓄電池の反応
a) **放電時**　正極も負極も反応すると$PbSO_4$が生成する。

$\begin{cases} 負極；Pb + SO_4^{2-} \longrightarrow PbSO_4 + 2e^- \\ 正極；PbO_2 + SO_4^{2-} + 4H^+ + 2e^- \\ \qquad\longrightarrow PbSO_4 + 2H_2O \end{cases}$

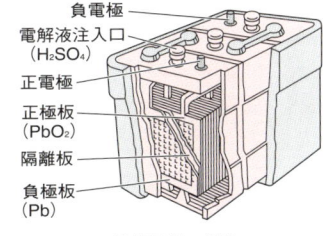

▲鉛蓄電池の構造

b) **充電時**　放電により低下した起電力を外部電源により回復させることを充電という。充電時は放電時と逆の反応が起こる。

$\begin{cases} 負極；PbSO_4 + 2e^- \longrightarrow Pb + SO_4^{2-} \\ 正極；PbSO_4 + 2H_2O \longrightarrow PbO_2 + SO_4^{2-} + 4H^+ + 2e^- \end{cases}$

3 一次電池と二次電池
a) **一次電池**　電気エネルギーを取り出すことを長く続けると、起電力が低下してもとにもどらない電池。例　乾電池、リチウム電池

b) **二次電池**　外部から逆向きの電流を通じると、低下した起電力が再び回復する電池。例　鉛蓄電池、リチウムイオン電池
↳充電が可能な電池ともいえる。

要点　鉛蓄電池

| 放電時 ⇨ 硫酸の濃度減少。両極板の質量増加。 |
| 充電時 ⇨ 硫酸の濃度増加。両極板の質量減少。 |

2編 物質の変化

26 電気分解

1 電気分解とその原理 重要

1 電気分解 電気エネルギーを利用して化学変化を起こすことを<u>電気分解</u>という。
→略して電解。

2 電気分解の原理

a) 電源の正極につないだほうの電極を**陽極**，電源の負極につないだほうの電極を**陰極**という。

b) 電気分解を行うと陽極では電子を放出する反応(酸化反応)が起こり，陰極では電子を受け取る反応(還元反応)が起こる。
電池とは逆の反応が起こる。

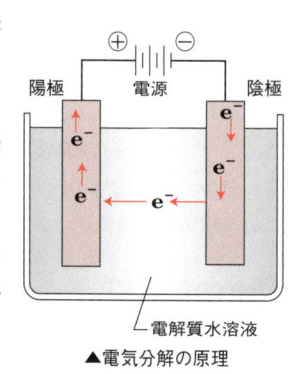

▲電気分解の原理

> **要点**
> 陽極…**電子を放出する反応**が起こる。
> 陰極…**電子を受け取る反応**が起こる。

2 いろいろな水溶液の電気分解

電気分解時の物質の酸化還元反応には一定のきまりがある。

1 陽イオンの場合 電子の受け取りやすさの順は，**イオン化傾向が小さい金属の陽イオン(Cu^{2+}，Ag^+など)＞H_2O(H^+)＞イオン化傾向の大きい金属の陽イオン(Na^+，K^+など)**である。

2 陰イオンの場合 電子の放出しやすさの順は，**単原子陰イオン(ハロゲン化物イオン)＞H_2O(OH^-)＞多原子陰イオン(SO_4^{2-}，NO_3^-など)**である。
→Cl^-，Br^-など

例題研究 塩化ナトリウム水溶液の電気分解

塩化ナトリウム水溶液を炭素電極を用いて電気分解したときの各極における反応式を示せ。

解 塩化ナトリウム水溶液中に陽イオンはH^+とNa^+が含まれているが，電子はH^+のほうが受け取りやすい。また同様に，陰イオンはOH^-とCl^-が含まれているが，電子はCl^-のほうが受け取りやすい。このことから，各極における反応式を求める。

答 陰極；$2H_2O + 2e^- \longrightarrow H_2 + 2OH^-$
陽極；$2Cl^- \longrightarrow Cl_2 + 2e^-$

3 電気分解における電気量と物質の変化量 重要

1│ クーロン 1A(アンペア)の電流が1秒間流されたときの電気量を，**1クーロン**(記号：**C**)という。i〔A〕の電流がt秒間流されたときの電気量をQ〔C〕とすると，

$$Q\text{〔C〕}=i\text{〔A〕}\times t\text{〔s〕}$$

例　3Aの電流で10分間電気分解するとき，電解槽に与えられた電気量は，$3A\times 10\times 60s = 1800 A\cdot s$すなわち，1800Cと求められる。

2│ ファラデー定数　電子1個のもつ電気量は1.60×10^{-19}Cで，その電気量を**電気素量**という。1molの電子がもつ電気量は，電気素量のアボガドロ定数倍で約96500Cとなる。96500C/molを**ファラデー定数**といい，記号Fで表す。　$F = 96500\text{ C/mol}$

例　流れた電気量が1800Cのとき，流れた電子の物質量は，
$1800\text{ C}\div 96500\text{ C/mol}\fallingdotseq 1.87\times 10^{-2}\text{ mol}$

3│ 電子の移動量と物質の変化量　酸化還元反応のイオン反応式におけるe^-の係数と物質の係数の比は，**電子の移動量と物質の変化量の関係を表している**。

例　$Cu^{2+} + 2e^- \longrightarrow Cu$から，電気分解によって単体のCu 1molを析出させるには，2molの電子を移動させる必要がある。

4│ ファラデーの法則　電気分解されるイオンの物質量は，通じた電気量に比例する。また，同一電気量では，変化するイオンの物質量は，イオンの価数に反比例する。これを**ファラデーの法則**という。

例題研究　硫酸銅(Ⅱ)水溶液の電気分解での析出量

硫酸銅(Ⅱ)水溶液を白金板を電極として，2.0Aの電流を32分10秒通じた。このとき，陽極で発生する気体の体積は標準状態で何Lか。

解　通じた電気量は，$2.0A\times(32\times 60 + 10)s = 3860$ C
したがって，流れた電子の量は，$\dfrac{3860\text{ C}}{96500\text{ C/mol}} = 4.0\times 10^{-2}\text{ mol}$

陽極での反応は，$2H_2O \longrightarrow 4H^+ + O_2 + 4e^-$であり，電子1molが流れると，$\dfrac{1}{4}$molの$O_2$が発生する。したがって，発生する$O_2$の体積は，

$22.4\text{ L/mol}\times 4.0\times 10^{-2}\text{ mol}\times \dfrac{1}{4}\fallingdotseq 0.22\text{ L}$

答　0.22 L

要点チェック

↓答えられたらマーク   わからなければ ➡

- **1** 金属の水溶液中における，陽イオンへのなりやすさを何というか？ — p.76
- **2** 金属を **1** が大きいほうから順に並べたものを何というか？ — p.76
- **3** 空気中でさびやすいのはイオン化傾向の大きい金属と小さい金属のどちらか？ — p.76
- **4** ZnやFeのようなイオン化傾向の大きい金属は希酸と反応して，どのような気体を発生するか？ — p.77
- **5** AuやPtが唯一反応する酸化力の非常に強い溶液とは何か？ — p.77
- **6** 化学エネルギーを電気エネルギーに変換して，電流を取り出す装置を何というか？ — p.78
- **7** **6** において生じる電圧のことを何というか？ — p.78
- **8** ダニエル電池の正極に用いられる金属は何か？ — p.78
- **9** マンガン乾電池のように，放電を続けると **7** が低下し，元の状態に戻せない電池を何というか？ — p.79
- **10** 鉛蓄電池の放電時，両極板においてできる物質は何か？ — p.79
- **11** 鉛蓄電池やダニエル電池のように，外部から逆向きの電流を通じると，低下した起電力が再び回復する電池を何というか？ — p.79
- **12** 電気エネルギーを利用して化学変化を起こすことを何というか？ — p.80
- **13** **12** を行うと，陽極では酸化・還元どちらの反応が起こるか？ — p.80
- **14** **12** の操作において，Cl^- と OH^- で電子を放出しやすいのはどちらか？ — p.80
- **15** 電子1個のもつ電気量を何というか？ — p.81
- **16** 1 molの電子がもつ電気量の値を特に何というか？ — p.81

答

1 金属のイオン化傾向，**2** 金属のイオン化列，**3** 大きい金属，**4** 水素，**5** 王水，**6** 電池，**7** 起電力，**8** 銅，**9** 一次電池，**10** $PbSO_4$〔硫酸鉛(Ⅱ)〕，**11** 二次電池，**12** 電気分解，**13** 酸化，**14** Cl^-（塩化物イオン），**15** 電気素量，**16** ファラデー定数

6章　練習問題

1 次の①〜④のうち誤っているものを1つ選べ。
① AlよりもNaのほうがイオン化傾向が大きい。
② Znは希酸と反応して，水素を発生する。
③ Auはどのような酸とも反応しない。
④ Feは濃硝酸と反応すると，不動態を形成する。

2 次の金属**A**〜**E**についての文を読み，あとの問いに答えよ。
① 常温で**C**は水と反応するが，他は反応しない。
② **A**と**E**は希硫酸と反応して水素を発生するが，**B**と**D**は反応しない。
③ **B**と**D**を電極として電池をつくると，**B**が正極になる。
④ **A**の陽イオンを含む水溶液に**E**を入れたら，**E**が溶けて**A**が**E**の表面に付着した。
(1) **A**〜**E**をイオン化傾向の大きい順に記せ。
(2) **A**〜**E**は次のいずれかの金属である。それぞれどれに該当するか。
Cu, Zn, Fe, Na, Ag

3 右図はダニエル電池の概略図である。
(1) 図中のアでは電子はどちら向きに流れるか。「→」「←」の矢印で示せ。
(2) 図中イの水溶液の名称を記せ。
(3) 次の①〜③のうち，図中**A**の容器に用いられるものとして適当なものを選べ。
① ガラス製　② 鉄製　③ 素焼き製
(4) 正極・負極の各反応を1つにした反応をイオン反応式で記せ。

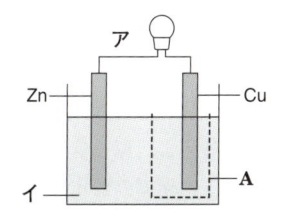

HINT
2 電池では，イオン化傾向の小さいものが正極になる。
3 電子は負極から正極に移動する。

4

鉛蓄電池に関する次の文を読み,以下の問いに答えよ。

右図は鉛蓄電池の構造の概略を示したものである。鉛蓄電池の正極および負極での放電時の変化はそれぞれ次のように表される。

正極;$PbO_2 + 4H^+ + SO_4^{2-} + 2e^-$
$\longrightarrow PbSO_4 + 2H_2O$ ……①

負極;$Pb + SO_4^{2-} \longrightarrow PbSO_4 + 2e^-$ …②

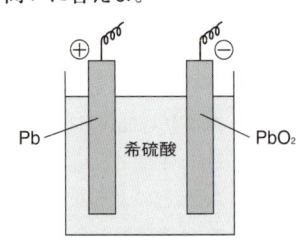

(1) 鉛蓄電池における放電時の変化を,1つの化学反応式にまとめよ。

(2) 鉛蓄電池は二次電池であるが,鉛蓄電池が充電するときに起こる現象はどれか。次のア~エのなかから2つ選び,記号で記せ。

　ア 電解液の密度が大きくなる。　　イ 硫酸の物質量が減少する。
　ウ 各電極で二酸化硫黄が発生する。　エ 各電極の色が変化する。

(3) 鉛蓄電池を放電させ,電子1molを取り出したときの,正極板の質量の増加は何gか。原子量;H=1.0,O=16,S=32,Pb=207

5

次の水溶液を電気分解したときに,各極で生じる物質は何か。化学式で書け。ただし,( )内は電極である。

(1) H_2SO_4(Pt)　　(2) $AgNO_3$(Pt)
(3) $NaOH$(Pt)　　(4) $CuCl_2$(C)
(5) $MgSO_4$(Pt)　　(6) $CuSO_4$(Cu)

6

硫酸銅(Ⅱ)水溶液を白金電極を用いて電気分解を行った。次の各問いに答えよ。原子量;Cu=63.5,ファラデー定数;$F=96500$ C/mol

(1) 両極での変化をイオン反応式で示せ。
(2) 0.200Aで9650秒加熱すると,陰極に銅は何g析出するか。
(3) (2)のとき,陽極に発生する酸素は標準状態で何Lになるか。

HINT
4 充電時は放電時と逆の反応が起こる。
5 (6) 銅を陽極として用いると,銅極板が溶解する。
6 イオン反応式より,析出(発生)する物質量を求める。

練習問題の解答

1編

物質の構成

1章 物質の成り立ち

1 (1) 蒸留　(2) 分留
(3) 再結晶

[解説]
(1) 海水中に含まれる水だけを気体として分離する。
(2) 沸点の差を利用して，原油を重油・灯油・ガソリンなどに分離する。
(3) 不純物を含む硝酸カリウムを高温で溶かし，冷却すると硝酸カリウムだけが析出する。

2 ②と⑤と⑥

[解説]
同素体：同じ元素からなる，性質の異なる単体。重要な同素体が存在する元素として，SCOP(硫黄，炭素，酸素，リン)がある。
③COとCO₂は同じ元素からなり，性質が異なるが，化合物であるので同素体ではない。

3 ① 単体名　② 元素名
③ 元素名　④ 単体名

[解説]
元素とはその物質を構成する成分であり，単体とは1種類の元素からなる物質である。
①電気分解によって得られる物質としての水素である。よって単体名。
②体を構成する成分としてのカルシウムである。よって元素名。
③二酸化炭素を構成する成分としての炭素である。よって元素名。
④空気中に含まれる物質としての窒素である。よって単体名。

4 (1) A…融解，B…凝固，C…蒸発，D…凝縮，E…昇華
(2) ① 液体，② 気体，③ 固体

[解説]
(2) ①液体では粒子が互いに接しているが，位置を入れ替えることができるので，流動性がある。
②気体では，粒子が空間を自由に移動しているので，分子間の距離が非常に大きく，密度が小さい。
③固体では，粒子が決まった位置で振動している。粒子間の距離は一定である。

5 ① 陽子　② 中性子
③ 原子番号　④ 質量数
⑤ 同位体　⑥ 電子殻
⑦ 価電子　⑧ 0

[解説]
⑤原子番号(陽子の数)が同じで，質量数が互いに異なる原子を同位体という。
⑧希ガス(18族)の最外殻電子は，イオンになったり，他の原子と結合したりしないので，希ガスの価電子は0。

6 (1) **d**, Na　(2) **h**, P
(3) **j**, Cl　(4) **c**, O

[解説]
(1) イオン化エネルギーは，周期表の左側・下側の元素ほど小さい。よって，あてはまるのは1族である，**d**のNa。
(2) M殻に電子が入っているのは第3周期の原子である。あてはまるのは15族である，**h**のP。
(3) 電子親和力は，18族を除く，周期表の右側の元素ほど大きい。あてはまるのは17族である，**j**のCl。

(4) 2価の陰イオンがもつ電子数はネオンと同じ10個。
陰イオンの電子数＝原子番号＋価数
より、$10 = 原子番号 + 2$ となり、原子番号は8。あてはまるのは、**c**の**O**。

7 ア
解説
イ　最も多く存在する水素原子は、原子核が陽子1個からできており、中性子を含まない。
ウ　陽子の数と中性子の数の和が質量数である。
エ　陽子の数が等しく、中性子の数が異なる原子どうしを同位体という。

2章　物質を構成する粒子

1
① 価電子　　② ネオン
③ アルゴン　④ イオン結合
⑤ 共有　　　⑥ 共有結合
⑦ 分子　　　⑧ 自由電子
⑨ 金属結合　⑩ 金属結晶

解説
②ナトリウム原子の安定なイオン(下線部)とその電子の数は、
$Na \longrightarrow \underline{Na^+} + e^-$ ，$11 - 1 = 10$
よって、原子番号10のネオンと同じ電子配置である。
③塩素原子の安定なイオン(下線部)とその電子の数は、
$Cl + e^- \longrightarrow \underline{Cl^-}$ ，$17 + 1 = 18$
よって、原子番号18のアルゴンと同じ電子配置である。

2
① 塩化ナトリウム，$NaCl$
② 酸化アルミニウム，Al_2O_3
③ 硫酸マグネシウム，$MgSO_4$
④ 炭酸カリウム，K_2CO_3
⑤ $AgCl$　　⑥ $Ba(OH)_2$
⑦ FeS　　⑧ $Fe(OH)_3$

解説
組成式は、電気的に中性になるように、すなわち、陽イオンと陰イオンの電荷の合計が等しくなるように組み合わせる。
(陽イオンの価数)×(陽イオンの数)
＝(陰イオンの価数)×(陰イオンの数)
また、化合物の名称は、組成式の後ろの部分にある陰イオン、組成式の前の部分にある陽イオンの順に読む。このとき、イオン名の「……物イオン」や「……イオン」は省略する。
②アルミニウムイオンAl^{3+}；価数3，個数2
　酸化物イオンO^{2-}；価数2，個数3
④カリウムイオンK^+；価数1，個数2
　炭酸イオンCO_3^{2-}；価数2，個数1
⑤銀イオンAg^+；価数1，個数1
　塩化物イオンCl^-；価数1，個数1
⑥バリウムイオンBa^{2+}；価数2，個数1
　水酸化物イオンOH^-；価数1，個数2
⑦鉄(Ⅱ)イオンFe^{2+}；価数2，個数1
　硫化物イオンS^{2-}；価数2，個数1
⑧鉄(Ⅲ)イオンFe^{3+}；価数3，個数1
　水酸化物イオンOH^-；価数1，個数3

3
① H:Cl:　　H−Cl

② H:N:H　　H−N−H
　　H　　　　　H

③ :O::C::O:　　O＝C＝O

④ :N⋮⋮N:　　N≡N

⑤　　:Cl:　　　　Cl
　H:C:Cl:　H−C−Cl
　　:Cl:　　　　Cl

解説
電子式をかくとき、電子を点・で表す。このとき電子が、**水素原子のまわりに2個、ほかの原子のまわりに8個になる**

ように書く。
　構造式の価標は，電子式の共有電子対1対につき1本かく。このとき，各原子の価標の数は，それぞれの原子の原子価に一致しなければならない。たとえば，②NH_3のN原子は原子価が3価なので，N原子のまわりに価標を3本かく。

4 (1) ア，エ　(2) カ，キ　(3) ウ，ク　(4) イ

解説
(1) 同種の原子からなる二原子分子は無極性分子。⇨ ア
　CO_2は，各結合には極性があるが，直線形であり分子全体では極性が打ち消されているので，無極性分子。⇨ エ
(2) 16族元素のOとSの水素化合物は折れ線形である。折れ線形では分子全体で極性が打ち消されず，極性分子である。⇨ カ，キ
(3) CH_4やCCl_4など，C原子に同じ元素の原子が4個結合した分子は，正四面体形であり，無極性分子である。⇨ ウ，ク
(4) 15族元素のNとPの水素化合物は三角錐形である。三角錐形では分子全体で極性が打ち消されず，極性分子である。⇨ イ

5 ① B　② C　③ A　④ C　⑤ B　⑥ B　⑦ A　⑧ A　⑨ B　⑩ C

解説
イオン結合⇨金属元素と非金属元素間の結合。
共有結合⇨非金属原子間の結合。
金属結合⇨金属単体の原子間の結合。

6 (1) ① イ，② エ，③ ア，④ ウ
(2) ① エ，② ア，③ イ，④ ウ

解説
①ダイヤモンド；共有結合による共有結合の結晶。
　⇨融点は非常に高く，極めて硬い。
②銅；金属結合による金属結晶。
　⇨自由電子による結合で，電気を通し，展性・延性が大きい。
③ヨウ素；弱い分子間力による分子結晶。
　⇨融点・沸点が低く，昇華性のものが多い。電気を通さない。
④硫酸ナトリウム；イオン結合によるイオン結晶。
　⇨静電気的な引力による結合で，結晶では電気を通さないが，水溶液や融解状態では電気を通す。

2編
物質の変化

3章 物質量と化学反応式

1 (1) **10.8**　　(2) **48**
(3) **イ**

[解説]
(1) 原子量は，同位体の相対質量の平均値であるので，
$$10.0 \times \frac{20.0}{100} + 11.0 \times \frac{80.0}{100} = 10.8$$
∴ Bの原子量 = 10.8

(2) 金属元素Mの原子量をxとすると，
$$\frac{x}{x+2\times 16} \times 100 = 60$$
∴ $x = 48$

(3) アボガドロの法則より，<u>気体は同温・同圧で同体積中に同数の分子を含む</u>ので，気体の密度は分子量に比例する。したがって，Cl_2（分子量=71），NO_2（=46），CO_2（=44），O_2（=32），NO（=30）の順に分子量が大きいので，最も密度が大きいのはイとなる。

2 (1) **0.50 mol**
(2) **7.3×10⁻²³ g**　　(3) **1.1 L**
(4) **3.6×10²³ 個**　　(5) **30.0**

[解説]
(1) CO_2（分子量=44）より，
$$\frac{22}{44} = 0.50 \text{ mol}$$

(2) CO_2のモル質量は44 g/mol。したがって，CO_2 44 g中に，CO_2分子 6.0×10^{23}個が含まれるので，CO_2分子1個の質量は，
$$\frac{44}{6.0\times 10^{23}} \fallingdotseq 7.3\times 10^{-23} \text{ g}$$

(3) 標準状態における物質1 molの体積は22.4 Lより，
$$\frac{2.2}{44} \times 22.4 = 1.12 \text{ L}$$

(4) アンモニア1 mol中に水素原子は3 mol含まれているので，アンモニア0.20 mol中の水素原子の物質量は0.60 molである。これより，水素原子の数は，
$$0.60 \times 6.0 \times 10^{23} = 3.6 \times 10^{23} \text{ 個}$$

(5) 22.4 Lの質量がモル質量より，
$$1.34 \times 22.4 \fallingdotseq 30.0 \text{ g/mol}$$

3 (1) **0.75 mol/L**
(2) **18.4 mol/L**　　(3) **3.0 mol/L**

[解説]
(1) NaOH（式量=40）12 gは，
$$\frac{12}{40} = 0.30 \text{ mol}$$
これより，水溶液のモル濃度は，
$$0.30 \times \frac{1000}{400} = 0.75 \text{ mol/L}$$

(2) この濃硫酸1000 mLについて，含まれているH_2SO_4（式量=98）の物質量を求めればよい。
$$\underbrace{\underbrace{1000 \times 1.84 \times \frac{98.0}{100}}_{H_2SO_4\text{の質量}} \times \frac{1}{98.0}}_{H_2SO_4\text{の物質量}} = 18.4 \text{ mol/L}$$

(3) 全硫酸の物質量は，
$$6.0 \times \frac{100}{1000} + 2.0 \times \frac{300}{1000} = 1.2 \text{ mol}$$
混ぜたあとの硫酸の体積が400 mLであるから，
$$1.2 \times \frac{1000}{400} = 3.0 \text{ mol/L}$$

4 (1) （左から）**1，3，2，2**
(2) （左から）**2，9，6，8**
(3) （左から）**1，2，1，1**
(4) （左から）**4，5，4，6**

[解説]
(1) 最も複雑なC_2H_4の係数を1とおき，C，H，Oの順で数を合わせる。
(2) 最も複雑なC_3H_8の係数を1とおき，C，Hの数を合わせて，最後にOの数を合わせる。

$C_3H_8O + (\ )O_2 \longrightarrow 3CO_2 + 4H_2O$

右辺のOの数は10,左辺にはC$_3$H$_8$OのOが1個あるので,O$_2$の係数は$\dfrac{9}{2}$

さらに両辺を2倍して,係数を整数にする。

(3) 最も複雑なCaCO$_3$の係数を1とおき,Ca, C, Cl, H, Oの順で数を合わせる。

(4) 最も複雑なNH$_3$の係数を1とおき,N, Hの数を合わせ,最後にOの数を合わせる。

$NH_3 + (\ )O_2 \longrightarrow NO + \dfrac{3}{2}H_2O$

右辺のOの数は$\dfrac{5}{2}$より,O$_2$の係数は$\dfrac{5}{4}$である。

さらに両辺を4倍して,係数を整数にする。

5 (1) $C_3H_8 + 5O_2 \longrightarrow 3CO_2 + 4H_2O$
(2) $Zn + 2HCl \longrightarrow ZnCl_2 + H_2$
(3) $2H_2O_2 \longrightarrow 2H_2O + O_2$
(4) $Cu + 2H_2SO_4 \longrightarrow CuSO_4 + 2H_2O + SO_2$

[解説]
左辺に反応物,右辺に生成物を書き,目算法で係数を決める。
(2) 生成物は水素H$_2$と塩化亜鉛ZnCl$_2$。
(3) MnO$_2$は触媒として作用するので,化学反応式には書かない。

6 (1) $2CH_3OH + 3O_2 \longrightarrow 2CO_2 + 4H_2O$
(2) **18 g** (3) **11 L** (4) **16 g**

[解説]
(2) CH$_3$OH(分子量=32)であるので,

$\dfrac{16}{32} = 0.50\,\mathrm{mol}$

生成する水をx〔mol〕とすると,化学反応式の係数比より,

$CH_3OH : H_2O = 2 : 4 = 0.50 : x$
$\therefore\ x = 1.0\,\mathrm{mol}$

H$_2$O(分子量=18)の質量は,18 g

(3) 発生する二酸化炭素をy〔mol〕とすると,

$CH_3OH : CO_2 = 2 : 2 = 0.50 : y$
$\therefore\ y = 0.50\,\mathrm{mol}$

よって,求める体積は,
$22.4 \times 0.50 = 11.2\,\mathrm{L}$

(4) 二酸化炭素22 gは,

$\dfrac{22}{44} = 0.50\,\mathrm{mol}$

であるので,(1)の化学反応式の係数比より,メタノールも0.50 mol反応したことになるので,$0.50 \times 32 = 16\,\mathrm{g}$

7 **35 L**

[解説]
同温・同圧における気体の体積比は物質量比に等しいことから,以下の関係が成り立つ。

	2CO	+	O$_2$	$\longrightarrow$	2CO$_2$
反応前	10 L		30 L		0 L
反応量	10 L		5 L		10 L
反応後	0 L	+	25 L	+	10 L = 35 L

8 **0.40 mol/L**

[解説]
MnO$_2$(式量=87)より,

$\dfrac{1.74}{87} = 0.020\,\mathrm{mol}$

化学反応式の係数比より,反応した塩化水素の物質量は,
$0.020 \times 4 = 0.080\,\mathrm{mol}$

より,この塩酸のモル濃度は,
$\dfrac{0.080}{0.200} = 0.40\,\mathrm{mol/L}$

4章 酸と塩基の反応

1 (1) ① NH_3　② HCl
　　③ KOH　④ H_3PO_4
　　⑤ $Cu(OH)_2$　⑥ HNO_3
　　⑦ CH_3COOH　⑧ $NaOH$
(2) ②と⑥　(3) ①と③と⑧

[解説]
(2)・(3) ①アンモニアNH_3は分子中に水酸化物イオンが存在しないが，次のように電離するので，1価の弱塩基である。
　$NH_3 + H_2O \rightleftarrows NH_4^+ + OH^-$
②塩化水素HClは1価の強酸。
③水酸化カリウムKOHは1価の強塩基。
④リン酸H_3PO_4は3価の弱酸(中程度の酸とすることもある)。
⑤水酸化銅(Ⅱ)$Cu(OH)_2$は2価の弱塩基。
⑥硝酸HNO_3は1価の強酸。
⑦酢酸CH_3COOHは1価の弱酸。
⑧水酸化ナトリウム$NaOH$は1価の強塩基。

2 (1) **3**　(2) **13**
(3) $\mathbf{1.0 \times 10^{-11}\, mol/L}$　(4) **1**

[解説]
(1) 塩酸のモル濃度mは，
$$m = 0.10 \times \frac{1}{100} = 1.0 \times 10^{-3}\, mol/L$$
塩酸の電離度は**1**とみなせるので，
　$[H^+] = 1.0 \times 10^{-3}\, mol/L$　∴ $pH = 3$
(2) $NaOH$の式量は40であること，$NaOH$の電離度は**1**とみなせることから，
$$[OH^-] = \frac{0.40}{40} \times \frac{1000}{100} = 0.10\, mol/L$$
水のイオン積より，
　$[H^+] \times 0.10 = 1.0 \times 10^{-14}$
　$[H^+] = 1.0 \times 10^{-13}\, mol/L$
よって，$pH = 13$
(3) アンモニア水のモル濃度は，
$$\frac{0.56}{22.4} \times \frac{1000}{250} = 0.10\, mol/L$$
電離度が0.010だから，
　$[OH^-] = 0.10 \times 0.010$
　　　　$= 1.0 \times 10^{-3}\, mol/L$
水のイオン積より，
　$[H^+] = 1.0 \times 10^{-3} = 1.0 \times 10^{-14}$
　$[H^+] = 1.0 \times 10^{-11}\, mol/L$
(4) HClの物質量は，
$$0.40 \times \frac{200}{1000} = 0.080\, mol$$
$NaOH$の物質量は，
$$0.10 \times \frac{300}{1000} = 0.030\, mol$$
混合溶液中には0.050 molの水素イオンが残っているので，
$$[H^+] = 0.050 \times \frac{1000}{500} = 1.0 \times 10^{-1}$$
　∴ $pH = 1$

3 ウ

[解説]
ア　純水中には，水分子の電離によって$[H^+] = 1.0 \times 10^{-7}\, mol/L$の水素イオンが含まれているから，純水でいくらうすめても，水素イオン濃度はそれより小さくはならない。よって，pHは7より大きくはならない。
イ　たとえば，0.10 mol/LのH_2S水溶液(25℃での電離度$=7.0 \times 10^{-4}$)と0.10 mol/Lの塩酸では，pHは塩酸のほうが小さい。

4 (1) $2HCl + Ca(OH)_2$
　　　　　$\longrightarrow CaCl_2 + 2H_2O$
(2) $H_2SO_4 + 2NaOH$
　　　　　$\longrightarrow Na_2SO_4 + 2H_2O$
(3) $HNO_3 + NH_3 \longrightarrow NH_4NO_3$
(4) $2H_3PO_4 + 3Ba(OH)_2$
　　　　　$\longrightarrow Ba_3(PO_4)_2 + 6H_2O$

[解説]
中和反応は，酸のH^+と塩基のOH^-からH_2Oと塩が生成する反応である。中和反応におけるH^+, OH^-, H_2Oの物質量の割合は，
　$H^+ : OH^- : H_2O = 1 : 1 : 1$

5 (1) **500 mL**
(2) **0.050 mol/L**　　(3) **75**
[解説]
(1) NaOH(式量=40)は1価の塩基。2価の酸である硫酸の必要量をx〔mL〕とすると，
$$1 \times \frac{4.0}{40} = 2 \times 0.10 \times \frac{x}{1000}$$
$$\therefore \quad x = 500 \text{ mL}$$
(2) (1)を参考にして，水酸化ナトリウム水溶液のモル濃度をx〔mol/L〕とすると，
$$2 \times 0.050 \times \frac{10}{1000} = 1 \times x \times \frac{20}{1000}$$
$$\therefore \quad x = 0.050 \text{ mol/L}$$
(3) 中和の条件は[H⁺]の物質量=[OH⁻]の物質量より，塩基**A**の式量をxとすると，
$$2 \times \frac{1.8}{x} + 1 \times 0.10 \times \frac{120}{1000}$$
$$= 1 \times 0.20 \times \frac{300}{1000} \quad \therefore \quad x = 75$$

6 (1) ① イ，② ア，③ ウ
(2) フェノールフタレイン
(3) **0.0866 mol/L**　　(4) **4.08％**
[解説]
(2) 弱酸と強塩基の中和反応なので，中和点でのpHが塩基性側に偏る。よって，変色域が塩基性側に偏っているフェノールフタレインを選ぶ。
(3) シュウ酸は2価の酸である。水酸化ナトリウム水溶液のモル濃度をx〔mol/L〕とすると，
$$2 \times 0.0500 \times \frac{20.0}{1000} = 1 \times x \times \frac{23.1}{1000}$$
$$\therefore \quad x \fallingdotseq 0.0866 \text{ mol/L}$$
(4) うすめる前の食酢のモル濃度をx〔mol/L〕とすると，
$$1 \times \frac{x}{10} \times \frac{20}{1000} = 1 \times 0.0866 \times \frac{15.7}{1000}$$
$$\therefore \quad x \fallingdotseq 0.680 \text{ mol/L}$$
うすめる前の食酢1000 mL中に含まれる酢酸CH_3COOH(分子量=60.0)は，

$0.680 \times 60.0 = 40.8$ g
食酢1000 mLは1000 gより，
$$\frac{40.8}{1000} \times 100 = 4.08 \%$$

7 (1) ②，硝酸カリウム
　　③，塩化アンモニウム
　　⑤，酢酸ナトリウム
　　⑥，塩化ナトリウム　　(2) ①と③
[解説]
(1) NH_4ClやCH₃COONaはH⁺になりうるHを含んでいないので正塩。
(2) ①強酸と強塩基からなる酸性塩⇨酸性
　②強酸と強塩基からなる正塩⇨中性
　③強酸と弱塩基からなる正塩⇨酸性
　④塩基性塩は水にほとんど溶けない。
　⑤弱酸と強塩基からなる正塩⇨塩基性
　⑥強酸と強塩基からなる正塩⇨中性
　⑦弱酸と強塩基からなる酸性塩
　　⇨塩基性
　⑧塩基性塩は水にほとんど溶けない。

5章 酸化還元反応

1 (1) **a**…$MnO_2 + 4HCl$
　　　$\longrightarrow MnCl_2 + 2H_2O + Cl_2$
　b…$2KBr + Cl_2 \longrightarrow Br_2 + 2KCl$
(2) ① ウ　② ア　③ エ　④ イ　⑤ イ
　⑥ コ　⑦ ク　⑧ ア　⑨ キ　⑩ オ
[解説]
(1) **b**；$2Br^- \longrightarrow Br_2 + 2e^- \cdots ①$
　　$Cl_2 + 2e^- \longrightarrow 2Cl^- \cdots ②$
　　①+②より，
　　$2Br^- + Cl_2 \longrightarrow 2Cl^- + Br_2$
　　両辺に$2K^+$を加えて，
　　$2KBr + Cl_2 \longrightarrow 2KCl + Br_2$

2 ① **0**　② **+4**　③ **+7**
④ **+6**　⑤ **+5**　⑥ **−3**
⑦ **+6**　⑧ **−1**　⑨ **−1**

練習問題の解答

解説
① H_2；単体であるから 0
② MnO_2；$x + 2 \times (-2) = 0$
  $\therefore\ x = +4$
③ MnO_4^-；$x + 4 \times (-2) = -1$
  $\therefore\ x = +7$
④ H_2SO_4；$x + 2 \times (+1) + 4 \times (-2) = 0$
  $\therefore\ x = +6$
⑤ NO_3^-；$x + 3 \times (-2) = -1$
  $\therefore\ x = +5$
⑥ NH_4^+；$x + 4 \times (+1) = +1$
  $\therefore\ x = -3$
⑦ $K_2Cr_2O_7$；$2x + 2 \times (+1) + 7 \times (-2) = 0$
  $\therefore\ x = +6$
⑧ H_2O_2；$2x + 2 \times (+1) = 0$
  $\therefore\ x = -1$
⑨ NaH；$x + (+1) = 0$ $\therefore\ x = -1$
「NaHのHの酸化数が-1」も例外の1つ。

3 (1) **N**　(2) **R**　(3) **O**

解説
(1) Cr；$+6 \longrightarrow +6$, N
(2) Cu；$0 \longrightarrow +2$, R
(3) Cl；$0 \longrightarrow -1$, O

4 (1) ③
(2) ① **硫酸**　② **硝酸**　④ **塩素**
(3) ①

解説
(1) ③は反応式中の原子の酸化数が変化しないので，酸化還元反応ではない。
(2) 酸化数が減少した（還元された）原子を含む物質が酸化剤である。
(3) ①は$+6$，②は$+5$，③は-3，④は$+2$より，①が最も大きい。

5 (1) $2MnO_4^- + 5(COOH)_2 +$
  $6H^+ \longrightarrow 2Mn^{2+} + 10CO_2 + 8H_2O$
(2) $2KMnO_4 + 5(COOH)_2 + 3H_2SO_4$
  $\longrightarrow 2MnSO_4 + K_2SO_4$
  $\qquad\qquad + 10CO_2 + 8H_2O$
(3) **0.020 mol/L**　(4) **0.036 mol/L**

解説
(1) ①式×2+②式×5として，e^-を消去する。
(2) 両辺に $2K^+$, $3SO_4^{2-}$ を加え，イオン部分を消去する。
(3) 下の物質量の比で反応するので，
  $KMnO_4 : (COOH)_2 = 2 : 5$
  $KMnO_4$の濃度をx〔mol/L〕とすると，
  $$2 : 5 = x \times \frac{9.80}{1000} : 0.050 \times \frac{10}{1000}$$
  $x \fallingdotseq 0.020\ mol/L$
(4) 過酸化水素水と過マンガン酸カリウム水溶液は以下のような反応を起こす。
  $2KMnO_4 + 5H_2O_2 + 3H_2SO_4$
  $\longrightarrow 2MnSO_4 + K_2SO_4 + 5O_2 + 8H_2O$
  これより，$KMnO_4 : H_2O_2 = 2 : 5$ で反応するので，
  $$2 : 5 = 0.020 \times \frac{7.2}{1000} : x \times \frac{10}{1000}$$
  $\therefore\ x = 0.036\ mol/L$

6章 酸化還元反応の利用

1 ③

解説
② ZnやFeなどは希塩酸や希硫酸と反応して水素を発生する。
③ Auは濃硝酸と濃塩酸を1：3の割合で混合した王水には溶ける。
④ Al, Fe, Niなどは不動態をつくるので，濃硝酸とは反応しにくい。

2 (1) **C＞E＞A＞D＞B**
(2) **A**…Fe, **B**…Ag, **C**…Na,
  D…Cu, **E**…Zn

解説
(1) イオン化傾向の大きさは，
  ①より，**C＞A・B・D・E**
  ②より，**A・E＞B・D**
  ③より，**D＞B**
  ④より，**E＞A**

①〜④より**A〜E**のイオン化傾向の順序を考える。
(2) 5種類の金属のイオン化傾向の順序は，
Na＞Zn＞Fe＞Cu＞Ag
より，(1)の結果と合わせて金属元素を確定させる。

3 (1) → (2) **硫酸亜鉛水溶液**
(3) ③ (4) $Zn + Cu^{2+} \longrightarrow Zn^{2+} + Cu$
[解説]
(1) 電子は負極から正極に流れる。ダニエル電池において，正極はCu，負極はZn。イオン化傾向の大きいZnがZn^{2+}となり，放出された電子がCuの正極へ向かって流れるので，図のアにおいては右向きに電流が流れる。
(2) ダニエル電池の電解液として，正極では硫酸銅(Ⅱ)水溶液，負極では硫酸亜鉛水溶液を用いる。
(3) 素焼き製の容器は塩橋の役割を果たしており，電流を流さないときに，溶液が混じるのを防いでいる。電流を流すと，素焼き板にあいている小さな穴を通って，イオンが移動する。
(4) 負極；$Zn \longrightarrow Zn^{2+} + 2e^-$
正極；$Cu^{2+} + 2e^- \longrightarrow Cu$
の反応を1つにまとめる。

4 (1) $Pb + 2H_2SO_4 + PbO_2$
    $\longrightarrow 2PbSO_4 + 2H_2O$
(2) アとエ (3) **32 g**
[解説]
(1) ①＋②より，電子e^-を消去すると，
$Pb + 2H_2SO_4 + PbO_2$
    $\longrightarrow 2PbSO_4 + 2H_2O$ ………③
(2) 充電時には正極で①の，負極で②の，全体で③の逆反応が起こる。
ア③式より電解液中で，水よりも密度の大きい硫酸に変化するので，電解液の密度は大きくなる。
エ白色($PbSO_4$)から灰色(Pb)，褐色(PbO_2)に変化する。

(3) ①〜③より電子1 molが流れると，Pb，PbO_2それぞれ0.5 molが$PbSO_4$になる。
PbO_2(式量＝239) $\longrightarrow PbSO_4$(式量＝303)より，負極の質量の増加量は，
$$\frac{303}{2} - \frac{239}{2} = 32 \text{ g}$$

5 (1) 陽極…O_2，陰極…H_2
(2) 陽極…O_2，陰極…Ag
(3) 陽極…O_2，陰極…H_2
(4) 陽極…Cl_2，陰極…Cu
(5) 陽極…O_2，陰極…H_2
(6) 陽極…Cu^{2+}，陰極…Cu
[解説]
(1) 陽極；$2H_2O \longrightarrow 4H^+ + O_2 + 4e^-$
    陰極；$2H^+ + 2e^- \longrightarrow H_2$
(2) 陽極；$2H_2O \longrightarrow 4H^+ + O_2 + 4e^-$
    陰極；$Ag^+ + e^- \longrightarrow Ag$
(3) 塩基性の水溶液であることに注意。
    陽極；$4OH^- \longrightarrow 2H_2O + O_2 + 4e^-$
    $2H_2O + 2e^- \longrightarrow H_2 + 2OH^-$
(4) 陽極；$2Cl^- \longrightarrow Cl_2 + 2e^-$
    陰極；$Cu^{2+} + 2e^- \longrightarrow Cu$
(5) 陽極；$2H_2O \longrightarrow 4H^+ + O_2 + 4e^-$
    陰極；$2H^+ + 2e^- \longrightarrow H_2$
(6) 陽極；$Cu \longrightarrow Cu^{2+} + 2e^-$
    陰極；$Cu^{2+} + 2e^- \longrightarrow Cu$

6 (1) 陰極；$Cu^{2+} + 2e^- \longrightarrow Cu$
陽極；$2H_2O \longrightarrow O_2 + 4H^+ + 4e^-$
(2) **0.635 g** (3) **0.11 L**
[解説]
(2) 流れた電子の物質量は，
$$\frac{0.200 \times 9650}{96500} = 0.020 \text{ mol}$$
陰極のイオン反応式より，銅は0.010 mol，すなわち0.635 g生成する。
(3) 陽極のイオン反応式より，発生する酸素は5.0×10^{-3} mol，よって，
$22.4 \times 5.0 \times 10^{-3} ≒ 0.11$ L

さくいん

●**太数字**はくわしく扱っているページ

あ

アイソトープ	17
アボガドロ	49
アボガドロ数	43
アボガドロ定数	43
アボガドロの法則	49
アルカリ	56
アレニウス	56
アンモニウムイオン	31
イオン	22
イオン化	23
イオン化エネルギー	24
イオン化傾向	76
イオン結合	**28**,38
イオン結晶	**28**,38
イオン式	23
イオンの価数	23
イオン反応式	51
一次電池	79
陰イオン	22
陰極	80
陰性	20
陰性元素	24
液体	14
塩	63
塩化銀	13
塩化ナトリウム	28
塩基	56
塩基性	56
塩基性塩	63
炎色反応	13
延性	35
塩の加水分解	64
王水	77
黄リン	13
オキソニウムイオン	56

か

界面活性剤	9
化学結合	**28**,38
化学式量	42
化学反応式	50
化学肥料	9
化学変化	15
拡散	14
化合物	12
価数	57
価電子	19
価標	32
ガラス	8
還元	68
還元剤	70
乾燥剤	9
希ガス	19
気体	14
気体反応の法則	49
起電力	78
強塩基	57
凝固	15
凝固点	15
強酸	57
凝縮	15
共有結合	**30**,38
共有結合の結晶	**37**,38
共有電子対	30
極性分子	33
金属	35
金属結合	**35**,38
金属結晶	38
金属元素	21
金属光沢	35
金属のイオン化傾向	76
金属のイオン化列	76
クーロン	67
グラファイト	37
ゲーリュサック	49
結合の極性	33
結晶格子	35
ケミカルリサイクル	9
ケルビン	15
原子	16
原子価	30
原子核	16
原子説	48
原子のイオン化	22
原子番号	16
原子量	42
元素	12
元素記号	12
合金	8
合成繊維	9
合成洗剤	9
構造式	32
黒鉛	13,**37**
固体	14
混合物	10

さ

サーマルリサイクル	9
最外殻電子	18
再結晶	10
酸	56
酸化	68
酸化還元反応	68
酸化剤	70
酸化数	68
酸化数の決め方	69
酸化防止剤	9
三重結合	32
酸性	56
酸性塩	63
式量	42
指示薬	59
質量数	16
質量パーセント濃度	45
質量保存の法則	48
弱塩基	57
弱酸	57
周期	20
周期表	**20**,21
周期律	20
充電	79
自由電子	35
純物質	10
状態変化	15
蒸発	15
蒸発熱	15
蒸留	11

食品添加物	9
水素イオン指数	59
水素結合	34
正塩	63
正極	78
精製	10
製錬	8
赤リン	13
セ氏温度	15
セッケン	9
絶対温度	15
絶対零度	15
セラミックス	8
セルシウス温度	15
遷移元素	20
族	20
組成式	29

た

体心立方格子	35
ダイヤモンド	13, **37**
多原子イオン	23
脱酸素剤	9
ダニエル電池	78
単位格子	35
単結合	32
単原子イオン	23
炭酸カルシウム	13
単体	12
抽出	11
中性子	16
中和滴定	61
中和点	62
中和の公式	60
中和反応	60
沈殿	13
沈殿反応	13
定比例の法則	48
滴定曲線	62
電解質	29
電気陰性度	33
電気素量	67
電気分解	80
典型元素	20
電子	16
電子殻	18

電子式	31
電子親和力	24
電子配置	18
展性	35
電池	78
天然繊維	9
天然肥料	9
電離	29
電離度	57
同位体	17
陶磁器	8
同素体	13
ドルトン	48

な

鉛蓄電池	79
二次電池	79
二重結合	32
熱運動	14
濃度	45
濃度の換算	46
農薬	9

は

配位結合	31
配位数	36
倍数比例の法則	48
半反応式	71
非共有電子対	30
pH	59
pH飛躍	62
非金属元素	21
非電解質	29
標準状態	43
ファインセラミックス	8
ファラデー定数	67
ファラデーの法則	67
ファンデルワールス力	34
フェノールフタレイン	59, **62**
負極	78
不対電子	30
物質の三態	14
物質量	43
沸点	15
沸騰	15

沸騰石	11
物理変化	15
不動態	77
不飽和結合	32
プラスチック	9
プルースト	48
ブレンステッド	56
ブロモチモールブルー	59
分極	78
分子	30
分子間力	**34**, 38
分子結晶	**32**, 38
分子式	32
分子説	49
分子量	42
分離	10
分留	11
閉殻	19
ペーパークロマトグラフィー	11
変色域	59
放射性同位体	17
飽和結合	32
飽和溶液	47
保存料	9

ま

マテリアルリサイクル	9
マンガン乾電池	79
水のイオン積	58
未定係数法	51
無極性分子	33
メチルオレンジ	59, **62**
メチルレッド	59
面心立方格子	35
モル	43
モル質量	43
モル濃度	46

や

融解	15
融解塩電解	8
融解熱	15
融点	15
陽イオン	22
溶液	45

溶解	45	陽性元素	24	リトマス	59
溶解度	47	溶媒	45	ルイス	56
溶解度曲線	47			ろ液	10
陽極	80	**ら**		ろ過	10
陽子	16	ラボアジエ	48	ろ紙	10
溶質	45	リービッヒ冷却器	11	六方最密構造	35
陽性	20	リサイクル	9		

■図版…藤立育弘

シグマベスト
**要点ハンドブック
化学基礎**

本書の内容を無断で複写(コピー)・複製・転載することは，著作者および出版社の権利の侵害となり，著作権法違反となりますので，転載等を希望される場合は前もって小社あて許諾を求めてください。

ⓒ BUN-EIDO 2013 Printed in Japan

編 者　文英堂編集部
発行者　益井英博
印刷所　図書印刷株式会社
発行所　株式会社　文英堂

〒601-8121 京都市南区上鳥羽大物町28
〒162-0832 東京都新宿区岩戸町17
（代表）03-3269-4231

●落丁・乱丁はおとりかえします。